数学思维
用数学思考万物

[英] 玛丽安·佛里伯格　瑞秋·汤马斯 ◎ 著　　梁金柱 ◎ 译
(Marianne Freiberger)　(Rachel Thomas)

UNDERSTANDING NUMBERS
Simplify life's mathematics. Decode the world around you

中国科学技术出版社
·北 京·

北京市版权局著作权合同登记 图字：01-2023-1287。

图书在版编目（CIP）数据

数学思维：用数学思考万物 /（英）玛丽安·佛里伯格（Marianne Freiberger），（英）瑞秋·汤马斯（Rachel Thomas）著；梁金柱译 . -- 北京：中国科学技术出版社，2023.6

书名原文：Understanding Numbers: Simplify life's mathematics. Decode the world around you

ISBN 978-7-5236-0044-3

Ⅰ．①数… Ⅱ．①玛… ②瑞… ③梁… Ⅲ．①数学—思维方法—普及读物 Ⅳ．① O1-0

中国国家版本馆 CIP 数据核字（2023）第 036093 号

策划编辑	张雪子	
责任编辑	高雪静	
版式设计	蚂蚁设计	
封面设计	创研设	
责任校对	吕传新	
责任印制	李晓霖	

出　　版	中国科学技术出版社	
发　　行	中国科学技术出版社有限公司发行部	
地　　址	北京市海淀区中关村南大街 16 号	
邮　　编	100081	
发行电话	010-62173865	
传　　真	010-62173081	
网　　址	http://www.cspbooks.com.cn	

开　　本	710mm×1 000mm　1/16	
字　　数	134 千字	
印　　张	8.5	
版　　次	2023 年 6 月第 1 版	
印　　次	2023 年 6 月第 1 次印刷	
印　　刷	北京华联印刷有限公司	
书　　号	ISBN 978-7-5236-0044-3 / O·217	
定　　价	59.00 元	

（凡购买本社图书，如有缺页、倒页、脱页现象，本社发行部负责调换）

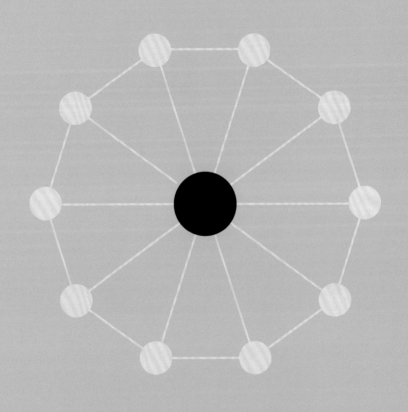

阅读指南

本书分为5个章节，共20节课，涵盖了现代世界中核心的数学模式。

每一课都介绍一个重要的概念。解释了如何将学到的东西应用到日常生活中。

数学思维：
用数学思考万物

在阅读本书的过程中，书中的"工具包"模块将帮助你记录已学内容。

通过本书，我们将帮助你建立知识体系，为你指引人生方向。你可以用自己喜欢的方式阅读本书，或循序渐进，或一次性消化。

数 学 思 维：
用数学思考万物

请开启你的阅读思考之旅吧!

目　录

引 言

我们对规律有一种天然的好感，并善于利用这种与生俱来的发现规律性的技能来理解我们周围的世界。我们的祖先注意到了季节的流逝、潮汐的来去、天体的周期性运动，并寻找其根源，他们据此去理解周围的世界；那些对狩猎、耕作和工业等生产活动的监测有助于我们提高生产力；对我们身体状态盛衰变化的感知和研究，使我们保持安全和健康；对大自然节律的了解，使我们能够根据自己的需要去改造自然。

在这种背景下，数学是一个不可或缺的工具。数学是规律和形式的语言，无论这些规律和形式是存在于数字中、物理形状中还是存在于时间和空间的演变过程中。数学是科学的语言，也是解锁技术所提供的大量数据的关键。无论你有没有意识到这一点，你每天都在依靠数学的力量。

本书探讨了用数学的眼光看世界是如

用数学的眼光看世界，你很快就会发现，数学是如何揭示生命、宇宙和万物规律的，以及为什么这些规律会使万物变得有意义。

何有助于你理解世界的。本书分为五章：健康、环境、社会、关系和通信。虽然乍一看可能不明显，但每一个领域都可以从数学的角度进行研究，有时还会产生令人惊讶的结果。

本书将提供你需要的语言，以帮助你了解支撑现代生活的一些结构，使你能够做出可能会改变生活方式的明智决定。

1

无论你有

到这一点，

在依靠数

没有意识

你每天都

学的力量。

第1章

健康中的奇妙数字

第1课　预防疾病
疾病是如何传播的，为什么接种疫苗有效？

第2课　检测疾病
了解筛查数据。

第3课　试验治疗手段
如何确认治疗方法是否有效？

第4课　统计数据
理解健康统计数据的意义。

今天，所有著名的医学研究都运用了随机对照试验这种科学方法。这是好事，但由此产生的众多数字和百分比，犹如密林般难以穿越，更不用说解读了。

例如，许多人本能地认为卧床休息是治疗背部疼痛的最好方法。事实上，在20世纪90年代中期之前，这也一直是医生推荐的治疗方法。但是在1995年，一支芬兰的团队使用随机对照试验（RCT）这种循证医学的黄金标准，彻底颠覆了这种想法。随机对照试验具有统计学论据和严格的数学设计，可以排除偏见和未知因素，是已知的解决这个问题的最好方法。那么，治疗背部疼痛最好的方法是什么？现在，医生会建议背部疼痛的病人积极运动。

今天，所有著名的医学研究都运用了随机对照试验这种科学方法。这是好事，但由此产生的众多数字和百分比，犹如密林般难以穿越，更不用说解读了。对个人而言，一种疾病具有5%的总体风险意味着什么？你怎么知道一种治疗方法真的有效？对于医疗系统或保险不支持的昂贵的替代疗法，你应该去选择吗？

在这种情况下，报纸和媒体可以发挥重要但并不总是积极的作用。健康恐慌和奇迹疗法是很能引人注目的头条新闻，如果你愿意通过粉饰数字来满足自己的需要，这样的新闻便随处可见。制药公司也更有动力去改变统计数字以达到他们的目的。毕竟即使是医学界的人士也不一定能看透这些数字丛林。

那么，可怜的普通人又该怎么做呢？在本章中，我们将探讨四种情况，在这些情况下，非常个人化的医疗决定将取决于数字和百分比。其结果并不总是直观的，所以了解这些数字的来源以及它们的确切含义对我们大有裨益。

第1课 预防疾病

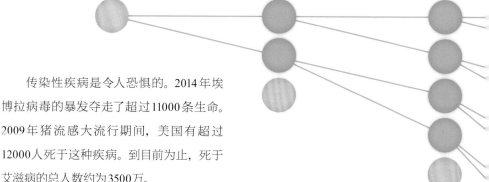

传染性疾病是令人恐惧的。2014年埃博拉病毒的暴发夺走了超过11000条生命。2009年猪流感大流行期间，美国有超过12000人死于这种疾病。到目前为止，死于艾滋病的总人数约为3500万。

不难看出为什么传染病可以传播得如此迅速。假设一个被感染的人在患病期间又继续感染了另外两个人——想一想公共交通工具上的咳嗽和吐痰现象，这显然并不是一个不现实的假设。一个被感染的人将传染另外两个人，因此总共有1+2＝3个被感染的人。两个新的感染者又将分别感染了另外两个人，总共就有1+2+4＝7个感染者。4个新感染者再分别感染另外两个人，就总共有1+2+4+8＝15名感染者，以此类推。

按照这个思路继续下去，你会看到，被感染的人数增长得非常快。事实上，它是以指数形式增长的。如果每个感染者都在感染疾病的第一天就又感染了另外两个受害者，那么只需要26天，感染的人数就将超过英国的总人口数量。而且这还是以单个感染者为起点计算的（你可以自己计算一下，n

天后的感染者人数将是$2^0+2^1+2^2+\cdots+2^{n-1}$，幸运的是，你不需要把这个长长的加法敲进计算器就能得到结果：这种形式的和永远是2^n-1）。

在这个例子中，数字2显然十分重要。如果一个被感染的人每天传染两个以上的人，那么疾病的传播速度就会快得多。如果一个被感染的人每天传染的人数少于两个，那么疾病就会传播得慢一些。事实证明，在这种情况下，数字1是分水岭。如果一个被感染的人平均传染一个以上的人，那么只要没有任何措施阻止疾病的发展，患病人数将会无休止地增长下去。另外，如果一个受

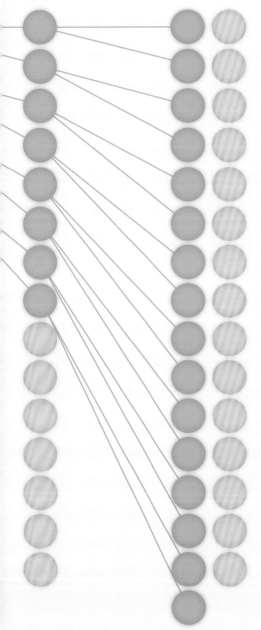

感染的人平均传染少于一个人，那么传播将最终自行停止。

流行病学家（负责分析疾病传播的人）有一个专业术语：基本再生数。它用于表示假设所有人都有可能感染某种疾病，那么最终一个人把这种疾病再传染给他人的人数。查阅常见疾病的基本再生数可以让你清楚地知道它们的危险程度：埃博拉的基本再生数在1.5至2.5之间；艾滋病的基本再生数介于2至5；流感（1918年的流行病菌株）的基本再生数在2至3之间；而麻疹的基本再生数在12至18之间。

面对传染病如此凶猛的指数式增长，我们该如何应对呢？流行病学家使用了复杂的数学模型来观察一种疾病可能的传播情况。重要的是，这些模型可以用来测试干预措施（如疫苗接种或旅行禁令）可能会产生的效果。测试结果并不总是符合人们的直觉，还有可能会造成骇人听闻的头条新闻。但请放心：流行病学家的建议是基于透彻的数学研究后才提出的。

第2课　检测疾病

10000
在任何一个特定的时间点，针对一种1%的人口所患的疾病，为10000人进行检测。

　　知悉内情显然要好过一无所知，同理，及早发现自己是否有患上某种疾病的可能性也要好于等到显现症状时才发现。不过，疾病筛查的例子表明，情况并非总是如此。疾病筛查既有好处（拯救生命）也有坏处（我们将稍后讨论）——这些利弊都必须通过仔细的统计分析来权衡。这就是为什么在病人同意进行筛查项目之前，医生还要进行仔细的研究和严格的监测，以确保能实现利益和危害之间的平衡。

　　首先要记住的是，筛查与诊断是不同的。筛查项目检查的是熟知的标志物，这些标志物是一个人存在罹患某种疾病的高风险信号。几乎在所有情况下，筛查测试与病人因出现疾病症状而去看医生时接受的诊断测试都不一样（一个例外是艾滋病毒、乙型肝炎和妊娠梅毒的筛查测试，它与相应的诊断测试相同）。筛查测试的目的是在没有疾病症状的普通人群中发现这些疾病标志物。

　　因此，如果你的筛查结果显示你真的存在某种疾病的标志物（这种情况通常被称为异常结果），并不意味着你已经患上了这种疾病。你需要做更多的检查，以确认你是否已患有该疾病。事实上，大多数在筛查项目中结果异常的人并没有患上这种疾病。

　　乍一看，这样的结论似乎令人感到意外，但却是源于一个事实，即筛查测试在预测一个人将来是否会患上某种疾病方面并非百分之百准确。

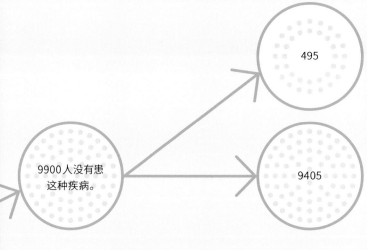

495人的检测结果会错误地显示为异常，称为假阳性。这些人并没有患病，但会接受诊断性测试，并经历这一过程中的焦灼不安，最终会被确认无恙。

9405人（9900人中的95%）的检测结果将显示为正常。

5人的检测结果会错误地显示为正常——称为假阴性。这是筛查的潜在危害之一——相对而言，极少数的人将错误地确认自己没有患病风险。

95人（100人中的95%）的检测结果会显示为异常。值得注意的是，其中一些人可能不会受到该疾病的伤害，但最终可能会接受不必要的治疗，以及由此带来的所有风险（被称为过度诊断）。

假设筛查测试在95%的情况下能正确地预测出某人患有该疾病。在接受测试的10000人中，有590人（95名患病的人和495名没有患病的人）得到了异常结果。由于该测试有95%的准确性，因此，如果你是这590个持有异常结果的人之一，你可能一开始就认为自己有95%的概率会患上该疾病。这是一个非常高的概率，当然会让你担惊受怕。

但事实上，在得到阳性结果的590人中，只有略高于16%的人（590人中的95人）会患上该疾病。因此，即使你的结果为阳性，实际上更大的可能性（84%）是你并不会患上这种疾病。

了解筛查数据

在你做筛查之前，你会认为自己患这种病的概率为1%，即图中的蓝圈（患有这种病的人）在白圈（人口总数量）中所占的面积。然而筛查测试给了你新的信息（你在绿圈内），这使你需要重新评估自己的患病概率——绿圈和蓝圈的交叉面积（患病者且检测结果为阳性）在绿圈总面积中的占比。这张图说明了概率论中一个非常有用的结论，叫作贝叶斯定理（Bayes' theorem）。该定理可以让你根据新的证据来更新你对某一事态的看法。

我们通过这个例子可以看出，筛查项目对标志物的检测是多么重要。这些标志物可以可靠地表明，结果异常的人很可能已经患有或将会患上有关的疾病。这就是医学专家在设计和开展监测筛查项目时非常谨慎的原因。例如，尽管面对着公众的压力和媒体的宣传，医学专家们也并没有将宫颈癌筛查项目的范围扩大到25岁以下的女性。宫颈癌

筛查项目会检测宫颈细胞的变化，这是一个强有力的指标，表明一个25岁以上的妇女是否已经或将要患上宫颈癌。然而，对于年轻女性来说，这并不是一个很有用的指标，她们的宫颈细胞更有可能出现变化，却不会发展成癌症。对这一年轻群体进行筛查会导致出现更多的假阳性，且无法保证能挽救更多的生命。

归根结底，是否要做筛查项目由你自己决定。世界各地的健康组织正在不断地改进他们关于筛查的信息，以帮助人们做出明智的决定。你需要了解本地和其他各地所介绍的筛查项目的优缺点，权衡考虑它对你的意义。

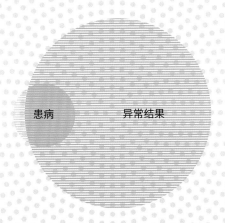

人口总数量

患病　　　　异常结果

健康统计

你意味着

数据对
什么？

第3课　试验治疗方法

1 ··
单盲试验

2 ··
双盲试验

3 ··
三盲试验

　　怎么知道一种新药或新的治疗方法是有效的呢? 我们很容易认为, 如果某样东西对一个朋友, 或朋友的朋友, 或互联网上的一些博卡有效, 那么它就会对自己也有效。但是, 有很多原因表明, 传闻的证据并不可靠, 不能证明某种治疗方法或生活方式的改变会治愈某种疾病。

　　故事中的人可能是因为他们生活中的一些其他变化而恢复了健康, 或者不管他们有没有采取什么行动, 他们都可能会康复。仅仅凭传闻中的证据, 我们不可能知道究竟是什么原因导致了某人的康复。相反, 医学界要求使用随机对照试验来测试治疗方法, 这需要一些细致的统计数据。

我们如何判断治疗方法的效果

　　随机对照试验是在20世纪发展起来的, 其目的是消除有意或无意地偏离测试治疗结果的可能性。随机对照试验包含两组参与者: 对照组和研究组。研究组将接受用于试验的治疗方法。如果该治疗方法的有效性是要与该病的常规治疗方法进行对照评估, 那么对照组将接受常规的治疗方法。这样做可以使研究人员评估这两种类型的治疗结果之间的差异。

　　然而, 如果目前尚没有可以治疗该疾病的方法, 对照组将被给予安慰剂——模仿治疗但没有生理效果的东西, 如糖丸。安慰剂可以让接受治疗的人与不接受治疗的人进行比较, 但也会导致安慰剂效应: 有大量研

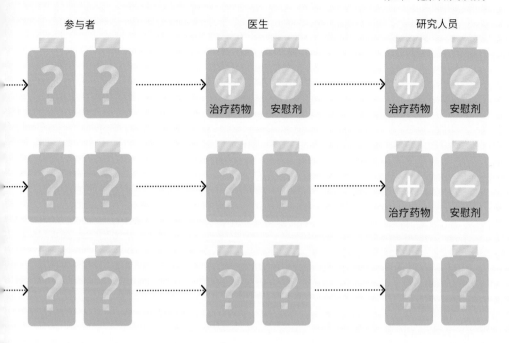

参与者 医生 研究人员

治疗药物 安慰剂 治疗药物 安慰剂

治疗药物 安慰剂

究表明，如果病人知道自己正在接受治疗，或获得了医疗关注，单是这一想法就能使一些人的病情出现好转。即使新的治疗方法没有效果，但研究组中的一些人的病情仍然可能会由于安慰剂效应而得到改善，而这种改善应该与对照组中任何类似的改善相比较。

为了客观地看待研究组和对照组之间的任何差异，关键在于参与研究的人不能知道自己是在对照组还是在研究组——例如，如果对照组的人知道了自己接受的是安慰剂治疗，那么任何安慰剂效应发挥作用的可能性就会减少。为了避免这种情况，随机对照试验通常采用盲法试验。单盲试验是指参

与者不知道自己在哪一组，而双盲试验是指医生和参与者都不知道谁在哪一组。如果对结果进行最终分析的研究人员也不知情，那么该试验也可以被称为三盲试验。

盲法试验仍然会受到"选择谁进入哪个组"的影响。如果研究组中的人病情较轻，那么与对照组中病情较重的病人相比，这种治疗方法可能得到更有利的结果。随机对照试验最有效的做法是将所有参与者随机分配到两组。这既能平衡两组之间病情较轻和较重的病人人数，也能平衡可能会影响参与者病程的任何其他未知因素。

随机对照试验是否有效

考虑到随机对照试验的各种参数，如果我们观察到对于一种不起作用的治疗方法（排除安慰剂效应），研究组中的患者病情有所改善，那将是令人惊讶的。但罕见和令人惊讶的事情确实会发生，而数学则提供了量化这些事情的工具。

假设你有一对骰子。如果你掷了20次，出现了一次两个六，或一次都没有，你不会感到意外（掷出两个六的概率是 $1/6 \times 1/6 = 1/36$）。但是如果你在20次中掷出了好几次两个六，你可能会开始怀疑掷骰子的公平性，怀疑它们被动过手脚。从统计学上理解随机对照试验结果的方法与之类似。

显著性水平

随机对照试验的设计使得在对照组（服用安慰剂）和研究组之间观察到的结果差异仅有5%的概率是偶然发生的。用技术术语来说，随机对照试验设计的显著性水平为5%。也就是说，如果某种治疗方法和安慰剂的效果差不多，而你进行了20次试验，那么最多只有一次试验观察到的结果会显示出差异，而这样的差异纯属偶然。将此比作掷骰子：如果两只骰子都是公平的（假定我们的治疗方法和安慰剂效果一样），那么在20次掷骰子的过程中出现过一次两个六，不会让我们感到惊讶。但是如果我们掷出了好几次两个六，就会感到非常意外。

点测

在一次试验中测出的效果被称为点测。这是某特定人群在某特定时间的平均效果。

置信区间

我们真正感兴趣的是治疗方法对患有该疾病的整体人群的潜在真实效果。这就是为什么随机对照试验报告中会提到所谓的置信区间。通常情况下，置信区间是在一个点测值基础上的正负值，这个正负值取决于试验数据的可变性。

研究人员有95%的把握，治疗的基本真实效果在
这个置信区间内。

点测

观察到的治疗效果

置信区间

置信区间的计算是为了使研究人员能有95%的把握证明测试结果会在该区间内。95%的置信度相当于5%的显著性水平。置信区间的精确度意味着，如果我们从患有该疾病的普通人群中选择不同群体重复试验20次，那么这些试验产生的置信区间中会有19个试验结果显示该人群中的病情得到了真正的基本改善。

如果在随机对照试验中检测到的效果的置信区间不包括0（两组之间的结果没有差异），那么这表明该治疗的效果具有统计学意义：我们可以确信效果确实存在。但统计学意义并不是最后的结果——该效果还必须具有临床意义。也就是说，它必须对病人的治疗结果产生明显的影响。

关于治疗效果的个别案例并不能让我们完全了解什么方法有效、什么方法无效。对于找到最佳治疗方法而言，精心设计的试验和统计分析才是至关重要的。

正如我们所讨论过的，罕见的事情确实会发生，因此，通过进行大量的试验并只公布你喜欢的那些结果，仍然有可能使随机对照试验的报告出现偏差。应对这种情况的方法之一是提高透明度，一些国家要求所有的随机对照试验都要在一个易于访问的数据库中进行登记，这样可以避免不利的结果被人为隐藏。医学界也将继续努力为做出最佳医疗决定而提供证据。而我们，普通公众和政治决策者们，必须努力去理解这些证据，以便做出最佳决定。

第4课 统计数据

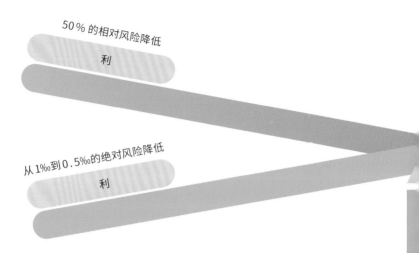

50‰ 的相对风险降低

利

从 1‰到 0.5‰的绝对风险降低

利

我们每天都会面对统计数据。当涉及健康问题时，这些数据可能会让人望而生畏、产生误解，甚至完全不解其意。假设你是一位正在考虑激素替代疗法（HRT）的更年期妇女，你听说激素替代疗法会增加患乳腺癌的风险，于是你想要了解更多与此相关的信息。你获知了如下信息：

激素替代疗法会增加 6‰患乳腺癌的风险：在 1000 名采用激素替代疗法的妇女中，有 6 人会因为此疗法而患上乳腺癌。但是，激素替代疗法也会使人们患结肠癌的风险降低 50％。

你会如何解读这一信息？人们很容易得出好处大于风险的结论。非常可怕的结肠癌的风险降低了 50％，而乳腺癌的风险只增加

了 6‰。你有把握根据证据做出明智的决定吗？你是否应该选择激素替代疗法呢？

答案是"不"，至少现在还为时尚早。你所获知的信息还不足以作为你做出决定的依据。让我们从降低 50％的结肠癌风险开始分析。这听起来很好，因为风险减半了。然而问题是，你患结肠癌的风险本身有多大。为了论证的需要，我们假设每 100 位妇女中就有 80 位在她们可能采用激素替代疗法的年龄时得了结肠癌（其实远没有这么多妇女得结肠癌，这只是为了论证的需要）。当患结肠癌风险减少 50％后，100 名妇女中会有 40 名患结肠癌。换句话说，如果采用激素替代疗法，你患结肠癌的风险从 80％降低到 40％：我们或许值得为了这种风险的

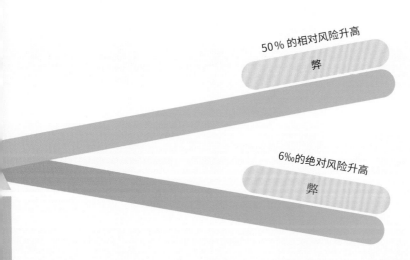

降低而忍受其他副作用，包括增加患乳腺癌的风险。

但是现在让我们假设，每1000名妇女中只有大约一名在她们可能采用激素替代疗法的年龄时得结肠癌。这意味着你患结肠癌的风险是1‰。如果减少50%，风险将降至0.5‰（如果你喜欢整数，则为1/2000）。从绝对意义上讲，这只是将风险降低了很少一点，或许不值得你为之而冒患乳腺癌的风险。

上述信息的问题是，它只给了你激素替代疗法导致的风险的相对变化，而没有给你可以参照的基线风险，即绝对风险。

现在让我们来看看上述信息的第一部分。当采用激素替代疗法时，你患乳腺癌的

风险增加了6‰，这意味着在1000名采用激素替代疗法的妇女中，有6人将因该疗法而患乳腺癌。如果不采用激素替代疗法，这6个人就不会得乳腺癌。这种风险增加听起来确实非常小，但是假设（同样是为了论证而不是反映真实的数字）乳腺癌的基线风险是12‰。那么，所谓的6‰的微小增加实际上相当于50%的风险增加。

已经晕头转向了吗？你很可能会。你所获知信息的问题在于，它所给出的激素替代疗法的好处，即结肠癌风险的降低，是相对的，而激素替代疗法的危害，即乳腺癌风险的增加，是绝对的——而相对数字（50%）比绝对数字（6‰）大得多。

正确理解健康统计数据

将某种药物或治疗方法的好处和坏处用不同的指标来表示，使得其中一种显得比另一种更好，这种技术被称为错位框架，它似乎在卫生部门很常见。2007年，一项对三家著名医学期刊《英国医学杂志》(*The British Medical Journal*)、《柳 叶 刀》(*The Lancet*)和《美国医学会杂志》(*The Journal of the American Medical Association*)上发表论文的研究发现，每三篇文章中就有一篇使用了错位框架。2007年的另一项研究调查了150名全科医生，发现大约1/3的全科医生不清楚相对风险和绝对风险之间的区别。很明显，对销售药物或进一步研究感兴趣的人可能会使用错位的框架。当涉及全科医生时，我们只能假设他们与我们大多数人一样，在面对统计数据时感到不甚清楚。

那么，一个可怜的普通人该怎么做呢？首先，确保你真正理解了相对量和绝对量之间的区别。这些概念本身与医学没有任何关系，所以我们不妨用更熟悉的术语来表述它们。如果你的雇主提出取消你的年度奖金，代之以每年10%的加薪，你怎么看？只有当你工资的10%高于奖金时，你才会考虑接受这笔交易。你需要把这个百分比换算成一笔实际的钱，或者计算出你的奖金占你工资的百分比。

一旦你清楚了其中的区别，请记住下面的检查表，以确保你不会被人蒙骗了：

（1）当你读到某样东西增加了或减少了时，检查一下后面的数字是百分比（如"减少了x%"）还是绝对数字（如"减少了x美元、x人、x克"，等等）。

（2）如果是一个百分比，问问自己"它是什么的 $x\%$？" 当百分比的总数非常小的时候，50% 的增长可能不值一提。

（4）当百分比和绝对数字同时出现时，请检查一下百分比是否是根据绝对数字计算出来的（例如占 y 美元、y 人或 y 克总数的 $x\%$）。这种表述很好，事实上，这正是你所需要的表述。

（3）如果是一个绝对数字，请检查一下这个绝对数字换算成百分比后是什么。如果总数是100亿美金、100亿人或100亿克，那么1万美金、1万人或1万克的增长并不算什么。

（5）如果情况并非如此，例如，如果百分比表述的是增长，而绝对数字却减少了，那么很可能就是有人在试图蒙蔽你的眼睛。这就是错位框架。

工具包

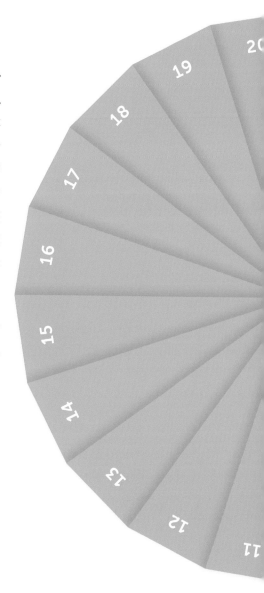

01

　　数学解释了为什么传染病会有如此大的破坏力。如果一个被感染的人平均感染一个以上的人，那么被感染的人数就会成倍增长——除非这种传染病遇到了自然或人为的屏障。疫苗接种可以通过使人们产生免疫力来提供这样一个屏障。而且正如数学计算所表明的那样，要使传染病消失，并不需要每个人都接种疫苗。

02

　　如果你筛查一种疾病得到的结果为异常，你没有患病的可能性仍然较大。这是因为医疗机构所使用的是筛查检测不是诊断性检测，大多数异常结果都是假阳性。你患某种疾病的实际概率取决于该疾病的流行率和检测的准确率，这可以用贝叶斯定理来计算。

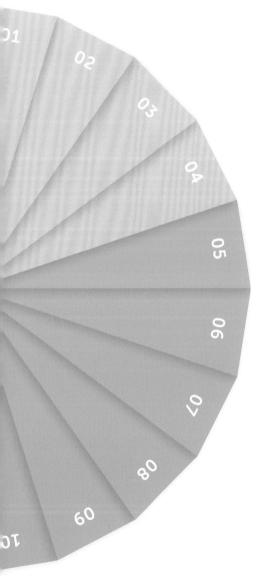

03

　　尽管如果你认识的人（或读到的故事中的人物）曾经患某种疾病，那个人的康复故事会让你产生强烈的共鸣，但这种轶事并不能证明所涉及的治疗或生活方式的改变就是他康复的原因。影响我们健康的因素有很多，而用于确定有效治疗方法的最好办法是进行随机对照试验。

04

　　当面对某种治疗或生活方式选择的风险和益处时，一定要检查风险和益处是以相对数字还是以绝对数字的方式提出的，最好是找出基线风险。不妨这样考虑：如果你的雇主提出取消你的年度奖金，而换成每年10%的加薪，你不会不去检查工资的10%是否比奖金多，就贸然接受这个提议的，对吗？

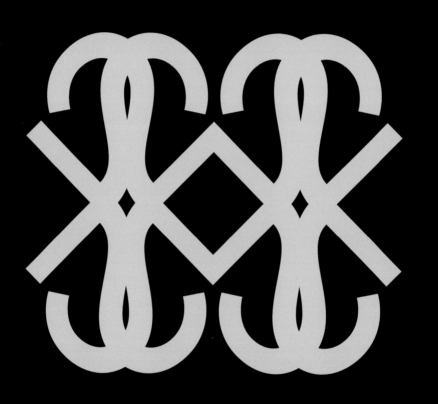

第2章

环境中的重要数字

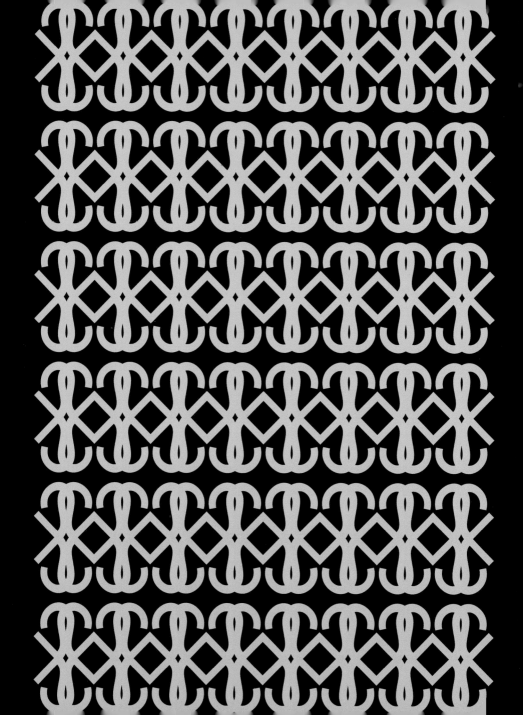

在现代物理学中，数学理论往往引导着新发现的方向，而不是反其道而行之。

作为一个群体，我们一直在努力了解我们周围的世界。我们从不满足于仅仅生存于我们的环境中——我们想知道为什么它是这样的，而且我们是出了名的（或臭名昭著的）少数几种能根据自己的需要而改造环境的动物之一。

数学为我们提供了描述和理解环境的语言。当自然界的明显规律可以被编入数学方程，并通过实验进行检验时，科学的严谨性就显现出来了。牛顿（Isaac Newton）以这种方式彻底改变了科学，他在17世纪用简单的方程式表述了他的运动定律和万有引力定律。而在20世纪初，爱因斯坦（Albert Einstein）以其极其数学化的相对论取代了牛顿的万有引力理论。在现代物理学中，数学理论往往引导着新发现的方向，而不是反其道而行之。数学在其他科学中的作用也十分关键，例如化学、医学、生物学、遗传学、心理学和社会科学。被称为数学的"不可思议的有效性"则继续被证明。

今天，我们最关心的问题之一是我们的行为对环境的影响，以及环境变化对我们的影响。这些存在于模糊的数字和新闻界争论中的概念，从我们眼前一掠而过，看起来过于庞大和复杂，令人难以掌握。因此，在这一章中，我们将探讨一些数学问题，我们运用它们来了解我们的环境、我们对周围世界的适应所产生的后果以及对未来的预测。

第5课 建 筑

数学与建筑的关系由来已久，从几千年来石匠使用的工具和探索方法到今天为我们的天际线增添的奇妙剪影，这些都离不开数学。1957年1月29日，当约恩·乌特松（Jørn Utzon）的帆状设计图被宣布为悉尼歌剧院的获胜设计时，他遇到了一个问题——他不知道该如何建造这座建筑。直到1959年3月2日歌剧院开始施工时，这个问题仍然没有解决。

受港口位置的启发，这位年轻的丹麦建筑师设计了一系列弯曲的帆状外形，但为了建造这些外壳，就必须用数学方法来描述形状，以准确计算出建筑的负荷和应力。当工程师要求获知这些曲线的具体数据时，乌特松将尺子弯曲，描画出他想要的曲线。在接下来的四年里，工程师们尝试了各种数学形式——椭圆、抛物线等——来努力描述乌特松的设计。

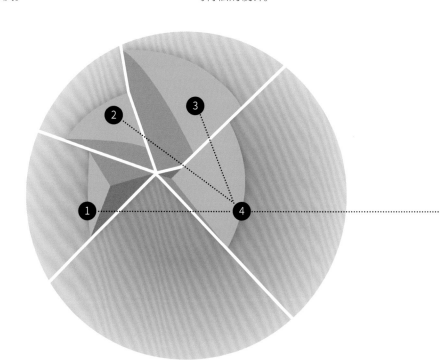

最后，在1961年10月，乌特松找到了"外壳的钥匙"：每片帆都是由一个球体（和它的镜像）切割成的楔形组成。这个巧妙的解决方案不仅为他的设计提供了屋顶的数学描述，还解决了建造这样一个复杂结构的所有问题。在此之前，由于每片外壳都是不同的，所以从工程和资金方面来说，建造这些巨大的定制部件几乎是不可能的。但是，由于所有外壳都具有共同的球形几何形状（基于半径为75米的球体），那么它们可以使用标准部件进行建造，这些部件可以批量生产，然后进行组装。

用数学来描述一个设计，使得建造世界上最有代表性的建筑之一成了可能。设计中的数学实现了"这个梦幻般的建筑群中所有形状之间的完全和谐"，充分体现了乌特松的艺术灵感。

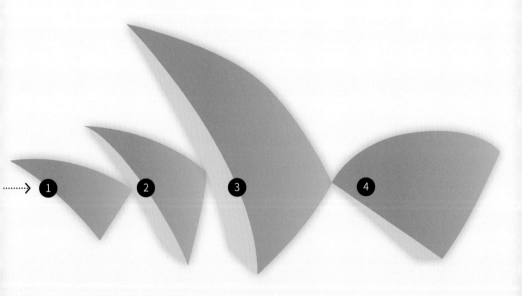

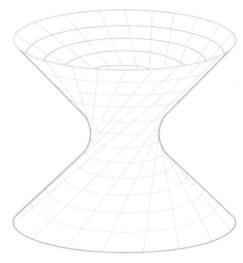

双曲面

建造不可能的建筑

现在，建造大型建筑的标准做法是先在计算机上建立三维数学模型，这样，建筑设计或实际施工中的任何微小变化（如移动管道或电气的位置）都会立即通过建筑模型显示出来。这可以准确地反映出任何未曾预见到的冲突，并能在施工过程中实现最经济地使用材料和人员。

对数学形式的理解也使现代建筑师能够创造出令人惊叹的建筑设计，例如弗兰克·盖里（Frank Gehry）设计的位于毕尔巴鄂的古根海姆博物馆（Guggenheim Museum）和位于洛杉矶的沃尔特·迪斯尼音乐厅（Walt Disney Concert Hall）。他的团队使用了参数化模型——结构、曲面和形状的计算机三维模型，这些模型均由互动的数学规则来定义，而不是通过指定每个元素的确切尺寸和形状。这些模型使盖里的团队能够尽量减少建造曲面所需的面板数量，并

使这些面板的形状尽可能简单，以此来具体说明如何建造这些结构。

如今，参数化建模为许多建筑师和工程师所普遍使用，凭借这一技术，他们能够使用功能规则来进行设计，而不是仅由外部形式驱动。

寻找解决方案

2012年伦敦奥运会自行车馆的设计始于对观众和选手的关注。其设计目的是确保所有的观众都有良好的视线，可以看到场馆中心陡峭的弧形赛道。这必须兼顾通道设计和限制楼梯倾斜度的建筑法规。此外，赛道最陡峭的部分在两端，而自行车馆通常在这里没有座位。而且自行车运动员的反馈是，这种设计导致了直道上观众的噪声和热情与直道末端死一般的寂静之间的巨大

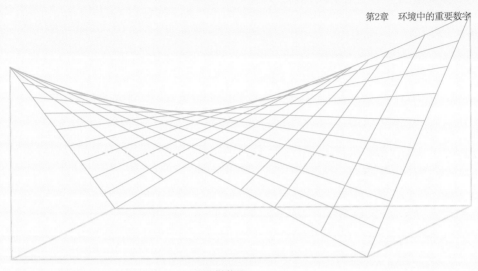

双曲抛物面

差异。

这些问题连同赛道的几何形状，以数学规则的形式被输入到参数化模型中。最终，伦敦自行车馆的大部分座位都在两侧，但两端也都有部分座位。建成后的形状具有双重弯曲的屋顶，模仿了场馆内赛道的起伏走势，但弯曲方向正好与赛道相反。

数学一直在为我们的建筑环境提供解决方案。在材料、能源和建筑成本方面，数学建模使得建筑更为经济和高效。数学也改善了人们的生活——不论是使用建筑的人，还是从外面欣赏建筑的人。

安东尼·高迪(Antoni Gaudí)的设计，包括位于巴塞罗那的神圣家族教堂(Sagrada Família)，受到了他在自然界所观察到的数学曲面的启发。这些起伏和弯曲的表面，如螺旋面、双曲抛物面和双曲面，均可以用直线来创造，因此被称为"有规则的曲面"。这些曲面可以用重复的简单元素来进行构建，这意味着高迪既可以设计出复杂的形状，又能保证该建筑拥有足够的结构强度。

这些形状并不只是结构美观。通过扭转圆柱体而产生的双曲面体，经常被用于建造坚固、轻质的塔楼。这种优雅的解决方案首次出现在弗拉基米尔·舒霍夫(Vladimir Shukhov)于1896年设计的水塔中，这种水塔可以用最少的材料和人力来进行建造。

第6课　交通模型

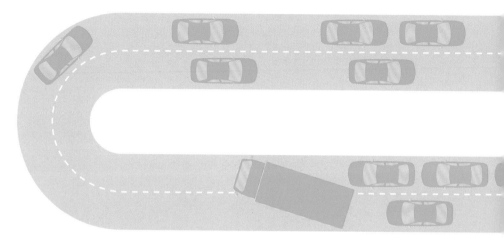

　　数学模型被用于你能想到的几乎所有的科学和工业领域。从我们驾驶的汽车和穿过的桥梁，到我们乘坐的飞机和我们希望能使自己更富有的金融产品，数学模型提供了关于各种结构和设备的安全性、可用性和效率的预测。建立一个模型的过程就像把一个系统剥离到只剩它的骨架，数学提供的 X 射线般的视野使我们能够看到难得一见的现象。

　　以交通堵塞为例。它们让人感到痛苦，特别是在无缘无故地发生交通堵塞时，尤为如此。即使道路上的车辆并不算多，也没有任何障碍物，车流也会聚集起来，使得通行速度变慢，甚至完全无法移动。交通研究人员长期以来一直致力于研究这种幽灵

般的堵车现象，通过利用数学模型告诉我们它们发生的原因。让我们在两个非常简单的假设基础上建立一个模型：

　　·一些汽车在一条环形的单车道上行驶（这样我们可以假设汽车的数量保持不变，于是情况就变得简单了）。

　　·司机根据自己与前车之间的距离来调整自己的速度。如果因为前车刹车而导致距离缩短，司机就会放慢速度。如果距离变长，司机就会加速行驶，直到达到他们想要的速度（或限速规定的速度）。

　　使用数学方程可以比较简单地描述这种情况，这些方程用前车的车速和他们自己当前的速度来表示每辆车的加速度。只要设定一个初始速度和汽车的分布情况，方

程式的答案便能告诉你汽车在任何特定时间的行驶速度。

这个玩具般的交通模型十分简单，于是你希望靠它能让交通稳定下来，变成一个绕着环形道路行驶的均匀车流。这也正是我们想在现实生活中看到的情况，但我们都知道，在现实中，事情的发展会完全不同于我们的设想。

因为该模型忽视了一个关键因素，司机不是机器，他们可能在摆弄收音机，和后排的孩子说话，或者在和卫星导航较劲。简而言之，司机不会立即对与前车距离的变化做出反应。一点点的延迟就可能会对他们需要的刹车力度产生很大的影响。

我们可以加入一个反应时间延迟参数，以便将这一事实反映在模型中。如果你这样做了，系统就改变了它的整体性质：除了稳定的均匀车流外，方程现在还承认有一种走走停停的波，即使交通密度不是那么糟糕，这种波也会持续地沿着与车流相反的方向在路上进行传导。关键因素是司机的延迟反应时间，哪怕这种延迟反映是由轻微的交通中断引发的。正是这些延迟反应触发了走走停停的波，造成了这种似乎是突然出现的恼人的幽灵式拥堵。在现实生活中，这种延迟的反应可能来自你通常认为不会引发拥堵的事件，例如前面的货车改变车道。

因此，我们的数学模型为幽灵般的堵车现象提供了一种可能的解释，而这在以前并不为人所知。

数学和完美城市

其他数学交通模型也预测了交通堵塞波在交通中的向后传导作用。研究人员甚至通过一个真实的实验观察到了这种交通堵塞波，该实验重建了我们刚才所描述的简单设置：22辆汽车以大约30英里（1英里＝1609.344米）每小时的恒定速度绕着一条环形道路行驶，即使开始时交通很顺畅，但很快就会因速度的微小变化而引发堵塞波。

至关重要的是，这种模型不仅解释了我们在现实生活中观察到的一些神秘现象，而且还提出了解决方案。我们从所述的跟车模型中可以学到的一个教训——在交通中要集中注意力。如果司机不做出太激烈的反应，交通就可以保持顺畅。但对交通管理部门来说也有一个启示：可变的速度限制可以帮助"引导"交通摆脱拥堵，恢复均匀的车流，而对超车的限制也可以防止拥堵的发生。通过其他交通模型还可以做出别的预测，例如，规划中的新道路或交通法规的变化可能会给交通带来影响。

再加上无人驾驶汽车的前景，数学的力量使人们对完美城市产生了憧憬。交通模型可以用来确定一个完美的道路布局，这种布局能让经过优化编程的汽车可以不需人为干预地自动行驶。在计算机算法的指导下，

车辆将以可预测的方式行进，并对它们面前的任何交通状况做出最佳反应。交通堵塞将成为过去式，乘客们可以乘坐自动驾驶的车辆自由穿行，把时间花在比驾驶更重要或愉快的活动上。

这一愿景是否真的会实现还有待观察，无人驾驶汽车的设计者仍需解决人的因素。让我们想象一下，在一个满是无人驾驶汽车的世界里，这些汽车的功能近乎完美，被编程使它们永远不会撞到行人。在这个世界中，如果你是一名行人，正急着去上班，需要穿过一条繁忙的道路，你还会等红灯吗？或者，你知道汽车都会为你停下来，于是你会不会不顾可能出现的拥堵，选择在有合适的交通空隙时坚持要过马路？或许你会是后者。避免这种情况的一个方法是对汽车进行编程，使其不会总是为一个不守规矩的人而停车。如果人们知道汽车有可能反应太迟，或者根本不会做出反应，那就足以阻止成群结队的行人使交通陷入停滞。毕竟，即使是在完美的交通模型中，一点随机性可能仍然是必要的。

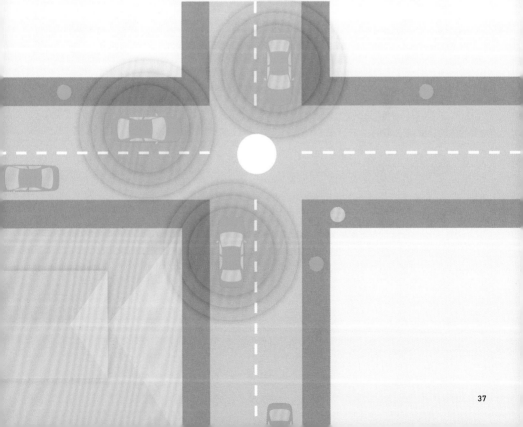

数学家能
来，而且
在这样做。

够预测未

他们也正

第7课 预测不可预知的情况

数学家能够预测未来，而且他们也正在这样做。大到经济和政治决策，小到出门需不需要带伞，我们都在依靠他们的预测。这些预测是数学模型的结果：这些模型是由方程式组成，用于描述当下事件的进程，无论是股市的演变还是未来的天气。

数学建模面临着各种挑战。任何数学模型都只能趋近于现实，因此有必要根据现实和所有可用数据对任何模型进行广泛的测试。模型中的数学方程可能由于太过复杂而无法给出准确结论，或者由于太过耗时而无法在计算机上进行反复运行。在这些情况下，数值方法被用来求近似解。

但是关于预测，最著名的也是最迷人的方面是混沌理论：即使是看似简单的动态系统，从长远来看也有显示复杂和完全不可预测的行为的倾向。

混沌理论

当我们想到混沌行为时，我们可能会想象某个东西的行为是随机的，使得我们无法预测接下来会发生什么。随机性本质上是无法预测的。但是，混沌的行为却不一定

是随机的，它也可以是确定性的——如果我们对影响该行为的一切因素有着完全的了解，我们就可以准确地预测接下来会发生什么。但我们很少能做到全知全晓。混沌行为的不可预测性可能来自其对初始条件的敏感性——即使是初始条件的轻微差异，比如说测量结果的小数值向下舍入而不是向上舍入——都可能会导致完全不同的结果。

1972年，数学家爱德华·洛伦兹（Edward Lorenz）在通过计算机模拟程序进行天气预测时，将这种现象诗意地描述为蝴蝶效应。第一次模拟运行时，程序以0.506127的初始值开始，但在第二次运行时洛伦兹手动输入了这个数字，并将这个数字四舍五入为0.506。他把这个微小的差异比作蝴蝶翅膀的扇动，这个差异随着时间的推移造成了结果的天差地别，有如风和日丽和狂风暴雨的对比。

天气预报

今天的气象学家对天气和所有涉及的物理过程都有了非常全面的理解。洛伦兹和现代气象学家使用的数值模拟是基于热力学

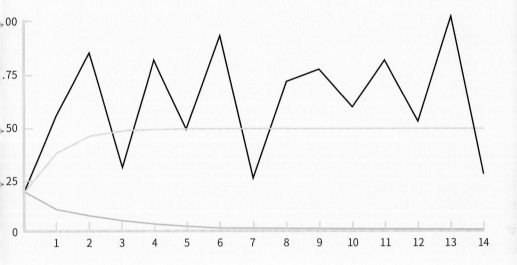

$r = 0.5$

$r = 2$

$r = 3.7$

即使是简单的数学模型也会导致混沌的行为。1976年，当生物学家罗伯特·梅（Robert May）在描述一个昆虫种群随时间的变化时，使用了下面这个简单的方程式：

$$p_{明年} = r \times p_{今年} \times (1 - p_{今年})$$

这里 $p_{明年}$ 和 $p_{今年}$ 是存活的动物（分别是明年或今年）在某种可能的最大数量中的比例，而 r 控制着动物总数规模逐年的变化速度。如果动物数量较少，就有足够的食物养活整个族群，因此动物数量最终会增加。但是，一旦动物数量达到或超过最大值，动物就会因食物缺乏而开始挨饿，动物数量就会开始减少。

令人惊讶的是，如果你改变 r 的值，种群总数的未来会有很大的变化。如果 r 小于1，那么种群就会消亡。如果 r 在1到3之间，那么种群数量会最终稳定下来。超过这个值，奇怪的事情便会发生：对于某些 r 值，种群数量将在两个或更多的值之间摇摆不定。如果 r 大于3.57，那么种群数量每年都会有很大的变化，某一年种群数量的微小变化就会导致下一年种群数量的巨大差异。尽管这样一个简单的数学方程就能描述这个系统，但它却是一个混沌系统。

定律和纳维 – 斯托克斯（Navier–Stokes）方程之间的相互作用，这些方程描述了流体的运动，无论这种流体是大气、咖啡杯中的牛奶漩涡还是管道中的水流。这些方程非常难解（实际上我们只知道如何用它精确地解决几个简单的情况），但我们可以使用算力非常强大的计算机来进行估算，例如可以对天气进行极其精确的模拟。

问题不在于我们不了解天气，也不能预测它将如何随时间而变化。相反，正如洛伦兹首先发现的那样，我们的数学天气模拟的真正问题是，由于其对初始条件的敏感性，天气模拟会表现出数学上的混沌。准确预测天气的难点在于我们对任何模拟的起始条件所知甚少。

连续测量全球每时每刻的温度、气压、湿度和风况是不可能的（虽然在天气模拟中使用的数据量在不断增加，特别是由于卫星观测天气而带来的数据增加）。而且在如此精细的范围内进行模拟，从计算量上来讲也是不可能的。

于是，天气预报员们在一个覆盖全球

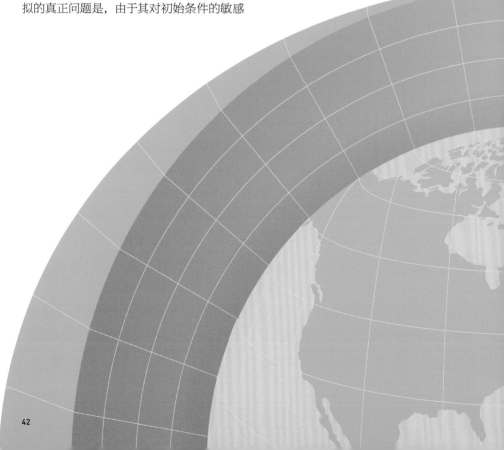

的三维网格中的各点上运行天气模拟程序，这样的模拟构成了天气预报的基础。在英国，网格中的各点在地表上的间距为2.2公里，在垂直方向上将大气层分为70层。模拟从网格中每个点的初始值开始，按照时间向后运行，预测未来54小时的天气（或者对于在稍微稀疏的网格上模拟的全球预报来说，最多可预测提前一周的天气情况）。

正如洛伦兹所发现的那样，只要其中一个网格点的起始条件稍有错误，就会极大地改变模拟的结果。为了解释这种混沌的行为，气象学家们进行了集合预报——通过运行多次模拟，每一次在网格上的每个点的起始条件都略有不同，预测未来可能的天气。然后，气象学家们可以利用这个未来可能的天气集合来预测出最有可能的情况。如果你所在地区的预报说今天的降水概率为10%，那么，未来天气集合中就有10%的预报是今天会下雨。如果预报说有90%的降水概率，那么明智之举就是出门要带伞。

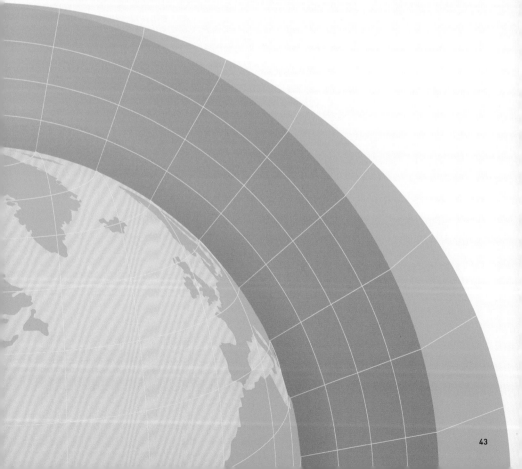

第8课　变化的气候

$$seT^4$$

$$(1-a)\,S$$

　　我们从来没有像今天这样关注过地球的气候。为了减缓气候变化，或者至少评估出气候变化的影响并加以防范，我们需要能够预测气候在未来几十年和几个世纪里会发生什么变化。然而，气候是一个复杂的系统，涉及太阳、海洋、植被、冰川和地貌，当然还有人类活动。我们能够预测未来的气候和处理其中的不确定性，唯一的希望就是数学。

　　为了了解数学是如何被派上用场的，我们来看一个非常基本的气候模型。想象一下，我们从寒冷的地方进入室内的情景。一开始，你的身体会从周围的温暖空气中吸收更多的热量，所以身体会变热。但一段时间后，它将达到一个平衡温度，即身体吸收的

热量正好等于它发散的热量。但愿这是一个舒适的温度，这样你就能温暖舒适地躺在床上看一本好书。

　　地球，一直沐浴着太阳的温暖光辉，也处于热平衡状态：它从太阳吸收的能量等于它向太空发射的能量。来自太阳的热能可以表述为：

$$(1-a)\,S$$

　　这里 S 代表来自太阳能量的总功率（平均每平方米约342瓦特），a 代表立即被反射回来（例如被大面积的冰川所反射）的太阳能的比例。这个被反射回来的能量比例被称为地球的反照率，其当前值约为0.31。

　　根据热力学定律，我们可以得知地球向太空辐射出多少能量，这取决于地球的平

反照率
辐射率
斯特藩－波尔兹曼常数
太阳能量
温度

均温度。将该温度表述为 T，那地球辐射出去的能量就是：

$$seT^4$$

数字 s 是热力学中的一个常数[斯特藩—波尔兹曼（Stefan-Boltzmann）常数，数值为 $5.67 \times 10^{-8} \mathrm{Wm}^{-2}\mathrm{K}^{-4}$]，$e$ 是地球的辐射系数，用于衡量大气的通透程度。目前，地球的辐射系数约为 0.6。由于地球处于热平衡状态，于是我们得到了一个简单得出奇的方程式：

$$(1-a)S = seT^4$$

这个气候模型的好处在于：解开这个方程就能得到地球的温度 T（根据凯尔文温标）的值。将 S、a、s 和 e 的值代入公式，并解出温度，我们可以得到：

$$T = [\,(1-0.31)S/(5.67 \times 10^{-8} \times 0.6)\,]^{0.25}$$

其中 $T=288$，即 15 摄氏度。这几乎正好是美国宇航局测量出的地球目前的平均温度。

这个简单的能量平衡模型还使我们能够预测到如果相关参数发生变化可能会引发什么结果。例如，想象一下，由于冰盖融化，反照率变小。方程式告诉我们，在这种情况下，温度会上升，它还能告诉我们这将发生的速度。同样，如果辐射率降低，例如由于大气中的温室气体增多，也会升高地球的温度。该模型解释了为什么如果我们不希望地球变暖，我们就需要控制反照率和辐射率。

建立未来的模型

当然，气候科学家实际使用的模型要复杂得多。这些模型以牛顿运动定律和热力学定律为基础，并考虑到从地球的自转到植被对气候的影响等各种因素。与上面的能量平衡模型不同的是，这些模型还会包含一个时间参数：一旦你解开了这些方程式，你就能得到对未来气候的预测。

这些复杂的气候模型的预测是否百分之百可靠呢？答案是否定的，它们不可能百分之百可靠。当你使用数学模型对现实进行预测时，你会遇到3个主要的不确定性来源：

1.模型的不确定性

我们用来模拟一个过程的数学方程也许不能准确地反映现实。

2.来自近似的不确定性

在建模过程中使用的方程往往不能被精确地解出，我们不得不依靠计算机找到近似解，这往往需要巨大的计算量，而且近似解总是会有一定程度的误差。

3.输入的不确定性

我们在关于混沌理论的第7课中探讨了对初始条件的敏感依赖。输入模型的某个参数（例如反照率或辐射率）的不确定性也会导致建模预测的不确定性。

在气候建模中，不确定性的主要来源是模型的不确定性：科学家们不确定如何最好地用数学方法来表示构成气候的诸多因素以及它们之间的相互作用。初始条件的不确定性紧随其后。只有来自近似值的不确定性是受到良好控制的。有一些数学方法可以控制所涉及的误差，也可以量化误差，所以我们才知道预测会有多大的偏差。

数学建模的一个必要技能是应对建模过程中固有的不确定性：识别它们、减少它们、量化它们。有一个完整的数学领域关注不确定性的量化，并提供了许多可用于不同建模场景的工具。

气候建模中一个非常有效的方法是使用过去某个时期的初始数据（人们经常用20世纪作为起点）来建造你的模型，看看它是否正确地预测了今天的气候。你可以用不同的数学方法来表示你不确定的事情，例如气候对温室气体等人为因素的依赖性。这不仅可以测试模型本身，还可以帮助你推断出人

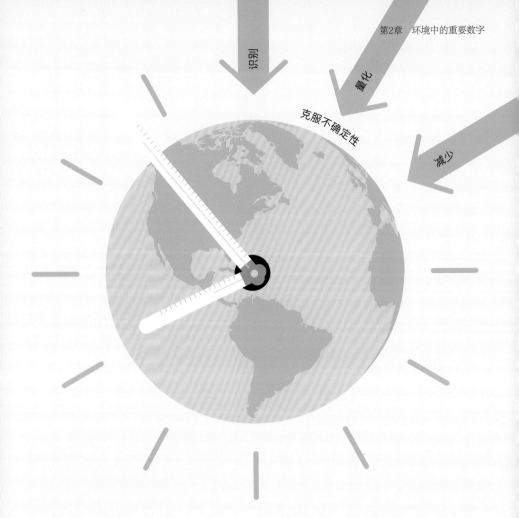

克服不确定性

类活动对气候的影响。

目前的气候模型在与过去和现在的气候数据进行这种对比时表现良好。这些模型的预测也很准确，所有模型都预测出全球温度正在上升：不同的气候中心使用了不同的模型，但都预测出地球会变暖。这些气候模型的基础都是非常成熟的科学，这些科学的可靠性已在许多其他情况下得到了证明。

因此，总的来说，我们应该认真对待气候模型的预测——鉴于不断变化的气候可能会对我们的星球产生的影响，我们不能有半点马虎。

工具包

05

效能——在成本、能源和材料方面——在现代建筑中已经变得非常重要。对建筑进行数学建模，可以让建筑师在铺设一砖一瓦之前就探索出最佳的解决方案。下次当你看到一个壮观的新建筑时，请记住，建筑所采用的几何形状不仅仅是为了美观，它们通常也为建筑的功能和效率服务。

06

对交通进行数学建模可以解释令人困惑的现象并提出解决方案，还可以让我们预测道路布局和限速等干预措施可能会对交通产生的影响。无人驾驶汽车在很大程度上也依赖于数学，即控制它们的算法。但是，我们并不是要追求完美无瑕的可预测性：为了考虑到人的因素，我们或许必须在模型中注入一点随机性。

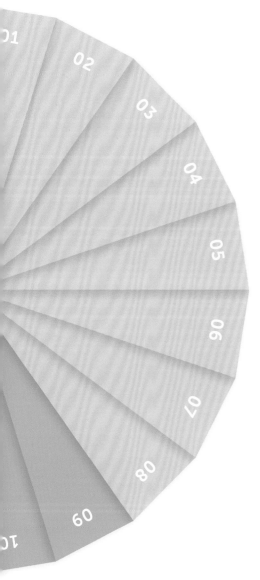

07

天气预报并不总是正确的原因是，天气显示出一种被称为数学混沌的现象。气象学家通过在初始条件略有不同的情况下做出许多预测来说明这种混沌现象。在天气预报中，30%的降水概率意味着在这些模拟预测的集合中，有30%的模拟预测显示会下雨。

08

任何物理过程的数学模型都伴随着不确定性。数学建模的一个关键技能是识别、量化并在可能的情况下减少这些不确定性，这样我们就可以评估一个模型预测的准确度。在气候建模中，各种检查和平衡被用来评估模型预测的质量。不同的气候模型都预测到地球会变暖，所以我们应该认真对待有关地球变暖的这些预测。

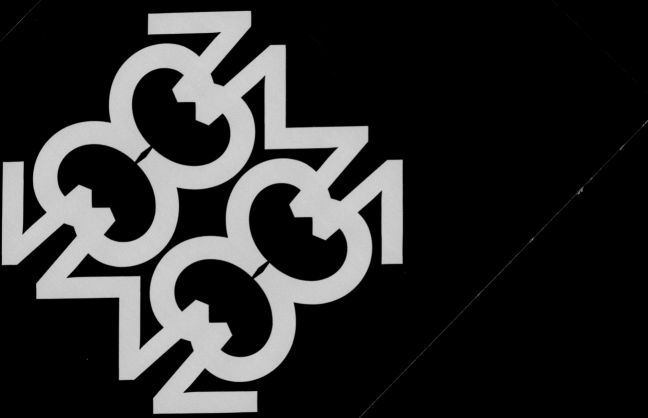

第3章

社会中的科学数字

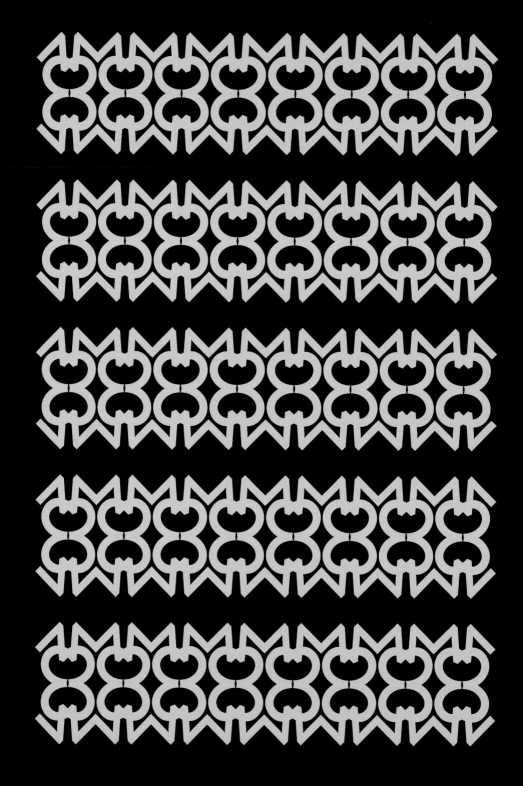

从数学的角度来看，多数人和少数人之间的边界，也就是将个体合并成一个统一整体的边界，是最能产生成果的地方。

英国前首相玛格丽特·撒切尔（Margaret Thatcher）有一句名言："根本就不存在'社会'这种东西。"其意思是，众多的个体不可能形成一个共同的整体，而这个整体可以对其内部发生的事情负责。

从数学的角度来看，多数人和少数人之间的边界，也就是将个体合并成一个统一整体的边界，是最能产生成果的地方。统计学的艺术在于发现模式、趋势，甚至可能是在从许多人那里收集到的杂乱无章的数据中发现基本原则。每一个民主进程都需要将许多个人的偏好整合成一个单一的结果，政治家们喜欢称之为"人民的意愿"，并提出了大量的数学问题。事实上，许多个体，无论是人类、蚂蚁、鸟类还是蜜蜂，都可以形成一个整体，这个整体大于其组成部分之和，

有时还会带来意想不到的后果（比如经济），这种观点对数学家来说并不新鲜。

在本章中，我们将研究一些影响社会的数学，不仅因为它是跨越个人和集体之间猜疑地带的一座桥梁，也是因为它能直接影响到我们每一个人。我们将研究平均数的统计概念，以及为什么需要谨慎对待它。我们将研究投票和投票机制。我们还将了解到我们最个人化的特征，即我们的 DNA 序列，是如何被用来伸张正义的。但如果不谨慎对待，它也会导致不公正现象出现。我们还将探索所有人都无法摆脱的东西：储蓄和借贷中的数学。

第9课　日常平均数

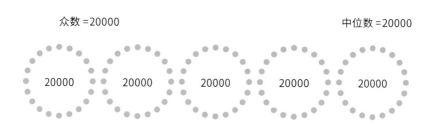

众数 = 20000　　　　　　　　　　　　　　　　中位数 = 20000

20000　　20000　　20000　　20000　　20000

比利时统计学家阿道夫·奎特莱（Adolphe Quetelet）在1835年出版的《人论》（*Treatise on Man*）中写道："事实上，普通人在一个国家中的地位，就像重心在一个身体中的地位。正是通过对这个中心点的考虑，我们才得以理解所有的平衡和运动现象。"

在奎特莱所处的时代，人类特征，包括生理特征和心理特征，应该符合统计学模式的想法还相对比较新潮。但是在今天，尽管个人主义十分盛行，我们还是把这个观点视为理所当然。当我们面对描述人口各种特征的杂乱无章的数字时，我们立即感到有必要计算出它们的平均数：毕竟，它能更快地传达信息，而且还能揭示关于总体人口的一些更深层次的东西。不过，尽管平均数很有用，我们还是需要谨慎对待它。

用年收入的例子来说明这一事实是很有说服力的。想象一下，在一个有1000名居民的小村庄里，其中900人的年收入为20000美元，100人的年收入为500000美元。要算出一组数值的平均数，你需要把所有的数值加起来，然后除以数值的总数量。在这个例子中，平均数为：

$$(900 \times 20000 + 100 \times 500000)/1000 = 68000000/1000 = 68000$$

每个人的平均年收入是68000美元，是村里90%的人收入的三倍多。这个例子表明，平均数对异常值——不寻常的和极端的数值很敏感。在这个村子里，少数超高收入者使平均数大幅度偏离，因此它不能准确反映出每个人的真实财富。这种敏感性会导致各种奇怪的结果，例如，绝大多数人的鼻子

算术平均数 = 68000

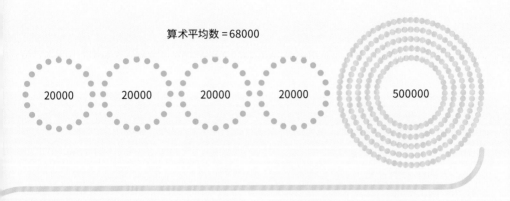

都超过了平均数（你可以自己计算一下：只要有一个人失去了鼻子，就能使所有人拥有鼻子的平均数小于1）。

幸运的是，我们刚刚计算的平均数并不是取均值唯一的类型。从技术上讲，它被称为算术平均数。另一种平均数的概念被称为中位数（median）。基于一组数值，比如鼻子的数量或年收入，按顺序排列（包括重复的数字），然后找出位于列表正中的那个数字，这就是中位数（在鼻子的例子中，中位数是1）。如果因为数值的个数为偶数，导致没有一个数值位于正中，那么中位数就是列表中两个正中数值之间的数字。一组数值中大约有一半位于这组数值的中位数以下，其余的则位于中位数以上。

在村民年收入的例子中，名单将从900个20000美元的值开始，然后是100个500000美元的值。中间的两个数字在列表中排在第500和501位。两个数字都是20000。显而易见，20000和20000之间的数字还是20000，所以在这种情况下中位数是20000。中位数比算术平均值更能代表大多数村庄居民的年收入。

另一种你能计算的平均数是众数（mode）。众数是在一串数字中出现频率最高的数字。在上面的例子中，众数与中位数相同，即20000美元。如果我们的村子里只有500人的年收入是20000美元，另外400人的年收入是30000美元，还有100人的年收入是500000美元，那么中位数是25000美元，众数是20000美元，而算术平均数是72000美元。各种统计数据可任你选择。

了解你的平均数

所有这一切意味着，作为一个普通的新闻读者，每当你听到"平均"这个词时，都需要保持警惕。根据你的经验，问自己这个问题：如果我知道新闻中所引用的平均数（例如人均收入）因为几个异常的人（例如几个超级富豪）而产生了偏离，我会在意吗？如果答案是肯定的，那么你就需要了解更多信息。你可以查阅更多资料，看看"平均数"这个词是指的算术平均数（通常情况）、中位数，还是众数（极少情况）。最理想的情况是，找出有关数量（如钱）在被平均的数据点（如人）中是如何分布的。

这种侦探工作并不总是像你可能担心的那样耗费时间。就收入而言，在互联网上快速搜索一下，你就有可能发现自己想要的图表。

如图是一个频率图的例子，显示了一个群体中有特定收入的家庭数量。在这个例子中，频率图告诉我们，大约110万个家庭的收入在17000至18000美元的范围内。因为110万与图中的峰值相对应，17000至18000美元的范围也与收入的众数相对应。

仅仅看图是猜不出平均数和中位数的，但它们被标出来了。平均数和中位数之间相差约5000美元，收入分布图的最右边部分

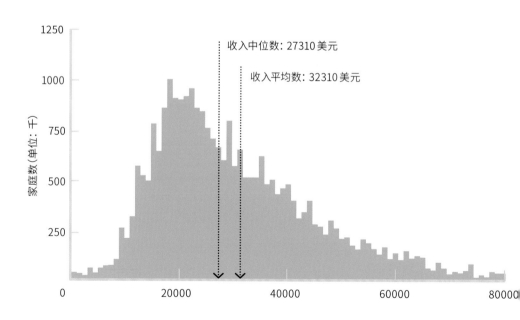

说明了这一事实：它表明存在高收入者，他们使平均数发生了向上偏离。一眼看去，这幅图给你的信息比单纯的一个数字要多得多。

任何数据集都可以用这样的频率图来概括，有意思的是，你不会每次都看到一个不同的形状。在奎特莱想要定义普通人的过程中，他本人发现了许多人类特征——如身高或体重——所产生的不是像上文图中那样的偏斜形状，而是一个可爱的对称钟形曲线，这种曲线被称为正态分布（如下图）。钟的顶峰的位置以及它的高度和宽度可能会有所不同，这取决于你所关注的现象，但其形状特征是相同的，而且可以用某种类型的

数学方程来进行描述。

在任何正态分布的数据集中，算术平均数、中位数和众数都是相等的：它们与分布的峰值相对应，非平均数值在它们的左右对称分布。

正态分布十分普遍，但其他分布也经常出现，每种分布都有自己的特殊情况。任何统计学的第一门课程都会介绍这些分布，并教会学生如何正确地分析符合这些分布的数据集。平均数，无论是算术平均数、中位数还是众数，都只是进行这种分析的第一步。下次你再听到有人提到平均数时，请记住它只是一座高度复杂的、非常有用的数学冰山的一部分而已。

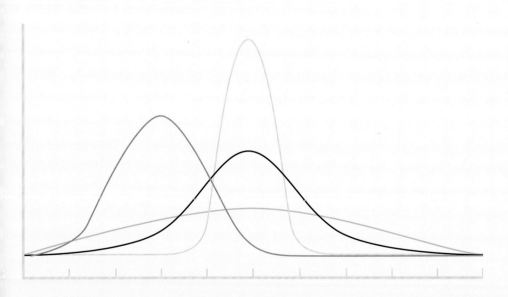

第10课　投　票

候选人 B

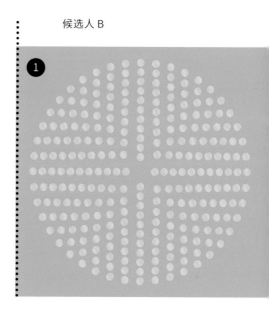

投票的两种方法

1. 得票最多者当选

在一些国家，很少有事情能像选举那样锻炼人们的计算能力。人们的眼睛紧盯着屏幕，接受着各种百分比、趋势、饼状图和柱状图的狂轰滥炸。虽然最终的选举结果很快就变成了无可争议的事实，但表象之下的数学运算往往仍然令人难以理解。

这并不奇怪：各个投票机制的来龙去脉都很复杂。本课要探讨的不是选举的具体细节，而是两种不同的方法：一种是英国和美国所使用的得票最多者当选的方法，另一种是许多欧洲国家使用的比例代表制方法。

在"得票最多者当选"的制度中，赢家通吃。一个国家的政府首脑不是由公民直接投票选出的，而是由不同地理区域的代表（英国是议会议员，美国是选举团成员）所组成的团体选出来的。这些代表由公民用多数票选举产生：一个地区的代表由获得最多选票的政党或候选人来决定。

这很简单（事实上，简单是"得票最多者当选"制度的优势之一），但稍加计算，我们

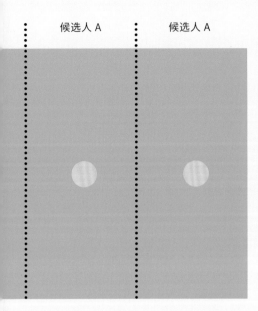

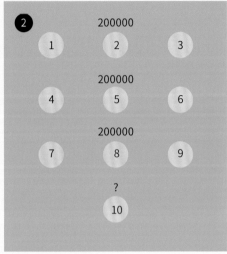

就会发现这种制度的一个主要缺点:"得票最多者当选"的赢家并不一定是获得更多选票的候选人。例如,在2016年的美国大选中,希拉里·克林顿(Hillary Clinton)获得了48.2%的民众投票,而最终赢得选举的唐纳德·特朗普(Donald Trump)的得票率为46.1%。

我们用一个简单的例子来说明这种反常现象是如何产生的。假设有一个由三个州组成的国家,一个州有10万个公民,另外两个州各有一个公民。如果这两个只有一个公民的州投票给候选人A,其他州的10万名公民投票给候选人B,那么候选人A就赢

得了多数州,成为总统——尽管他只赢得了0.002%的民众投票。

2.比例代表制

为了避免这种反常现象,你可以选择比例代表制。比例代表制的原则是,获得 $x\%$ 选票的政党可以在被选举的机构中获得 $x\%$ 的席位(并继续组建政府)。这种制度的明显优势是它能更好地代表公民,但是数学也为我们指出了它的缺点:百分比并不总是能转化为整数。例如,如果有600000名选民参加了100个席位的选举,三个政党各得到200000张选票,那么每个政党应该正好得

到1/3的席位。由于100的1/3是33.33，而政客们又不能被劈成两半，所以这样的结果是无效的。

了解投票机制

我们很容易被个别投票机制的细节所困扰。因此，或许我们应该从头开始学习，先了解规定民主的最低要求，然后再开始抽丝剥茧？二十世纪五十年代，经济学家肯尼斯·阿罗（Kenneth Arrow）用这种方法从投票制度的概念中剥离出了最本质的内容。他假设在选举中，每个选民都有对候选人或政党的偏好排名，然后他或她用投票箱表达了自己的偏好。投票机制的任务是输入所有的偏好排名，并输出一个排名——这个最终的排名决定了谁将赢得选举。

阿罗还认为，民主投票制度应满足以下四个条件：

（1）机制应该反映不止一个人的愿望（所以没有独裁者）。

（2）如果所有选民都喜欢候选人 x 而不是 y，那么在最终结果中 x 应该排在 y 之上（这个条件被称为全体一致同意）。

（3）投票机制应该总是准确地得出一个明确的结果（这个条件被称为普遍性）。

（4）在最后的结果中，一个候选人是否排在另一个候选人之上，比如说 x 排在 y 之上，应该只取决于个体选民对 x 与 y 的排名，而不应该取决于这两人中的任何一人相对于第三个候选人 z 的排名（这个条件被称为无关选择的独立性）。

阿罗得出的结果令人惊讶：他从数学上证明，任何涉及三个或更多候选人的投票机制都无法满足所有四个条件。这一结果让阿罗赢得了1972年的诺贝尔经济学奖。

乍一看，阿罗所谓的不可能定理似乎宣布了民主的死亡，但情况可能并没有那么糟糕。社会选择科学家们在详细研究了阿罗的理论框架后（不可否认，本文对该理论的表述比较简单），一些人认为，在未经训练的人看来，它对民主的要求更高。

阿罗的定理给我们的普遍教训是，民主并不是一门精确的科学。数学方法可以让我们了解意料之外的反常现象是如何产生的，并提供了避免它们的方法。事实上，关于数学社会选择和公平分配的文献比比皆是，它们研究了关于公平的不同观念，适用于各种情况，从政治到离婚再到公平的实现手段。最后，投票机制的选择是在数学问题、政治和道德之间进行的一种平衡之举。

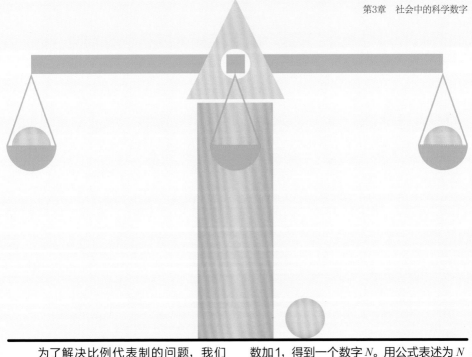

为了解决比例代表制的问题，我们需要引入一个额外的复杂性，一种将百分比转化为席位的方法。一种常见的方法是"德洪特法"（d'Hondt method）。德洪特法的原理是，一个席位应该"花费"一定数量的选票。每个党派应该在其选票允许的范围内（从总席位中）购买尽可能多的席位，因为如果一个党派不能得到它所能支付的所有席位，那么它就没有得到公平的代表。一旦每个政党都买到了它能买到的所有席位，就不应该有剩余的席位。

为了实现这一目标而设定每个席位的正确价格似乎很棘手，但通过反复的调整可以达到预期的效果。首先，你给得票最多的政党一个席位。然后，对于每个政党，你用它得到的票数除以它已经拥有的席位数加1，得到一个数字 N。用公式表述为 $N = V/(s + 1)$，V 是该党获得的总票数，s 是该党已经拥有的席位数（在进程开始时，除了得票最多的一个党外，s 为 0）。第二个席位分配给 N 值最大的党派。接下来，你再次计算每个政党的 N，并对应地增加 s。拥有最高 N 值的政党得到了第三个席位，以此类推，直到所有席位都用完。

由于比例代表制不可避免地要对一个政党应该获得的席位数进行四舍五入，因此没有一个旨在实现比例代表制的机制是完美的。例如，德洪特法就往往会让得票最多的政党获得过多的席位。你选择哪种制度，取决于在几种可能出现的问题中，你最愿意面对哪一个。

平均数。

统计数据。

模式和趋

概率。

你发现

势了吗？

第11课　证　据

我们都在电视上看过犯罪剧：一旦警察在犯罪现场和嫌疑人之间找到了DNA匹配，案件就告破了。但在现实生活中，事情远没有这么简单。法医鉴定中使用的DNA匹配结果并不是一个人独有的；相反，它们只提供一种可能性，即发现的样本来自相关嫌疑人。

DNA是存在于我们每个细胞内的著名分子，形状像一架扭曲的梯子。DNA的每根链条都由4个基本组成部分（碱基）组成，用字母A、G、T、C表示——A和T之间以及G和C之间的链接就如同梯子的梯级。这些字母创造了一个包含许多可识别模式的序列，我们称之为基因。

你的完整基因组（细胞内的整套DNA）对你来说是几乎独一无二的，但同卵双胞胎、三胞胎等情况是例外。但是，在与犯罪现场的样本进行比对时，我们不可能查看完整的DNA序列。相反，我们主要计算某一段模式在DNA的特定部分重复的次数，称之为计算DNA图谱。DNA图谱检查的是梯子上的几个特定部分，被称为标记（这些标记在你的"备用代码"中——DNA的非编码部分，即在阶梯的特定位置没有特定功能的部分）。

例如，让我们看一下这段"THO1标记"。我们知道在THO1标记中，AATG模式重复了3到14次。AATG重复的准确次数因人而异。在你的DNA中它甚至可能发生变化，因为你妈妈的DNA链与你爸爸的DNA链在这个标记上的重复次数可能不同。

两个没有血缘关系的人完全有可能拥有相同的DNA图谱，但拥有不同的DNA序列。我们依靠数学来计算这种情况发生的概率。对于DNA图谱中的每个标记，我们需要知道一个模式在整个人口中重复不同次数的频率。这些频率是通过法医实验室收集整理的数据库而计算出来的。

在DNA图谱中使用的所有标记都经过特别挑选，这样我们就可以假设一个标记过的基因编码与任何其他标记的基因编码无关。根据概率论的规则，我们可以通过将频率相乘来计算特定标记变体同时出现的概率。将DNA图谱中所有标记的频率相乘，可以得出该DNA图谱的匹配概率，即总人口中随机选择的人具有该DNA图谱的概率。

虽然单个标记物匹配的频率可能相当高，但完整的DNA匹配概率往往很小。这类似于买彩票，买中一个球的概率是四十九分之一，但买中6个球的概率只有一千四百万分之一左右。DNA图谱中包含10到14个标记，通常只有十亿分之一的匹配概率。

THO1标记

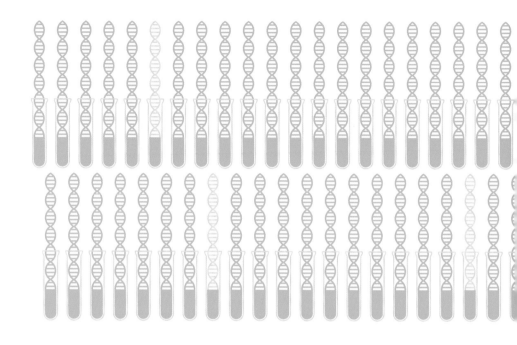

DNA 匹配说明了什么

概率是法庭内外许多重要决定的基础，例如那些与健康、生活方式和经济有关的决定。DNA 证据是一个很好的例子，说明要做出明智的决定，你需要两样东西。一个是准确的概率，另一个是正确地理解在面对新证据时，如何利用这些概率来更新自己的观点。

想象你自己是一名陪审员，正在参加一场涉及 DNA 证据的审判，该证据的匹配概率约为两千万分之一。这是一个随机的人与 DNA 图谱匹配的概率。至关重要的是你要明白，这并不等同于嫌疑人是无辜的概率。

将这两个概率混为一谈被称为检察官谬误（prosecutor's fallacy）：将证据假设某人无罪的概率（匹配概率）与证据显示某人无罪的概率相混淆。这是一个非常容易犯的错误，而且在涉及统计证据的法律诉讼中并不鲜见。虽然在上诉时，这些错误会被质疑，但律师、法官和陪审团都需要能够正确理解匹配概率才行。

评估证据

处理这种概率的正确方法是使用贝叶斯定理，它使人们可以根据所看到的证据更新自己的观点（例如，某人是无辜的概率）。人们在一些审判中尝试过使用这种方法，指

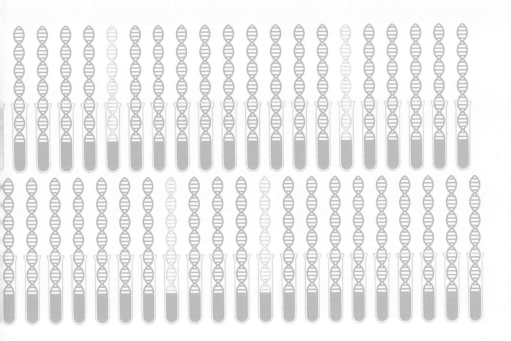

导陪审团评估所有相关证据的概率并进行计算，但到目前为止，这种技术方法尚未成功。

相反，陪审团往往会在法官的指导下，以下面的方式来理解匹配概率。如果匹配概率为两千万分之一，那么尽管拥有与犯罪样本相同的 DNA 图谱的可能性极小，但也并非绝对不可能。在一个拥有6000万人口的国家里，少则有三个人，多则有六七个人可能有相同的特征。DNA 证据的作用就是将范围从这个国家的所有人缩小到只有这六七个人。单从 DNA 证据来看，被告有1/7到1/3的概率证明他不是犯罪现场样本的来源。

无论陪审团对检察官谬误有多了解，也无论他们对贝叶斯定理的应用有多熟悉，他们都无法以这种方式来准确地考虑到所有的证据。这是因为 DNA 证据是唯一一种对其可靠性和不可靠性都有明确概率理解的证据。科学依据较少的证据，如证人陈述和指纹证据，可能看起来比 DNA 证据更为确定，但这是错误的，原因在于我们无法评估这类证据中的匹配概率。

第12课　债务和储蓄

对于拥有银行账户、信用卡或贷款的人来说，复利是必须要面对的一个生活现实。复利出乎意料地简单易懂，但是，尽管如此，我们很容易被债务的快速膨胀搞得措手不及。虽然复利对储蓄有利，但它却对债务不利。银行也是企业，所以我们最好假设银行业务就像在和庄家玩轮盘赌——银行从负债的人身上赚到的钱要比他们为储户支付的利息多。重要的是你要知道这个游戏规则。

指数式增长

让我们先来看看复利的优势。假设你足够幸运，拥有1000美元和一个年利率为20%的银行账户。如果按年计息，那么4年后你的钱就会翻倍，账户金额为2073.60美元。每年银行都会为你最初的1000美元存款支付利息，但同时还会为你这几年所赚取的所有利息来支付利息。每一次的利息都是复利，你账户里的金额也会不断增加。

如果你不去动用这个账户，按照这个利率，N年后账户里的金额会有$1000 \times (1.2)^N$美元。不仅仅是总金额在增长，每年增加的利息也在增长——增加的利息以指数形式增长，这个过程持续的时间越长，利息就会越急剧增加。假设你把这个银行账户忘得一干二净，让它在那里静静地增长了几十年。那么在38年后，你会发现最初的1000美元已经超过了100万美元——准确地说，是1020674.70美元——这一切都归功于复利的指数式增长。

指数增长指的是某物的未来价值是由其当前价值按照某一幂数形式的增长。指数增长解释了为什么一个起初非常微小的藻类种群（通过分裂进行繁殖，每次分裂都会使种群规模翻倍），在适合的条件下能够铺天盖地地繁殖，使河流或池塘堵塞。指数增长的惊人力量令许多人措手不及。

平衡收支

无论利率是多少，是2%还是20%，利息都会并入本金进行复合计算并呈指数式

$1,000 + $200
= $1,200

$1,200 + $240
= $1,440

$1,440 + $288
= $1,728

$1,728 + $345.60
= $2,073.60

$ 4692 9623 0571 0713
05.08.18

$ 4692 9623 0571 0713
05.08.18

$ 4692 9623 0571 0713
05.08.18

$ 4692 9623 0571 0713
05.08.18

增长。但坏消息是，你很可能会发现自己债务（比如你在信用卡上欠的钱）的利率也在20％左右（目前，你的储蓄利率可能在2％左右）。我们把之前的例子反转过来，如果你有1000美元的信用卡欠款，年利率为20％，按年来计算复利，而且你也没有进行任何还款，和我们之前的计算结果一样，4年后的欠款将会翻番。

虽然我们为了方便比较，是以年为单位进行利率报价的，但实际上银行是按月来计算复利的，通常为年利率除以12。在我们的例子中，开始时信用卡有1000美元的债务，年利率为20％，银行将使用每月1.67％（即20％÷12）的利率来计费。听起来利率似乎少了很多，但请记住这是用于每一个月的。一个月后，信用卡所欠余额将是1016.70美元（即1000×1.0167）；两个月后将是1033.68美元［即1016.70×1.0167＝1000×（1.0167）^{2}］；12个月后的欠款将达到1219.87美元［即1000×（1.0167）^{12}］。因此，尽管1.67％的月利率比20％的年利率从百分比上说要低得多，但由于计算复利的频率更高，最终，你将比每年只复利一次的1200美元多欠19.87美元。在现实世界中，没有银行会坐视不管，让你的未偿债务以指数式增长——你必须偿还欠款。在复利的情况下，你越快偿还债务，你支付的利息就越少。

继续我们的例子，如果你每个月支付200美元来偿还这笔债务，那么你需要6个月的时间才能连本带息地偿清债务。每月偿还200美元意味着你的还款总额为1053.24美元。

第一个月1000×1.0167−200＝816.70

第二个月816.70×1.0167−200＝630.34

第三个月630.34×1.0167−200＝440.87

第四个月440.87×1.0167−200＝248.23

第五个月248.23×1.0167−200＝52.37

第六个月52.37×1.0167＝53.24

如果你把自己的付款额提高到每月400美元，又会如何呢？那么你将在三个月内还清全部债务，还款总额为1030.79美元。还款多意味着更快地偿清债务，复利也会更少，为你节省了22.45美元。

第一个月1000×1.0167−400＝616.70

第二个月616.70×1.0167−400＝227.00

第三个月227×1.0167＝230.79

同样地，少还款意味着需要更长的时间来还清债务，而且加在债务上的复利也会越来越大。每月偿还50美元债务的话，需要两年多一点的时间才能还清，还款总额为1227.10美元。如果每月还款额再少一点的话，债务就会开始摇摇直上：假设每月只还20美元，就需要4年多的时间才能还清，还款总额达2175.82美元——是你欠款本金的两倍多。

假设我们在酒吧，你的现金用完了。我借给你20美元，你答应下个月偿还，并请我喝啤酒(5美元)以示感谢。这看起来并不是什么大事，却代表了一个高得可怕的利率，事实上，最狠的高利贷利率也不过如此! 你能算出如果按月计算复利，这笔交易的年利率将是多少吗?

答案：12×25%=300%

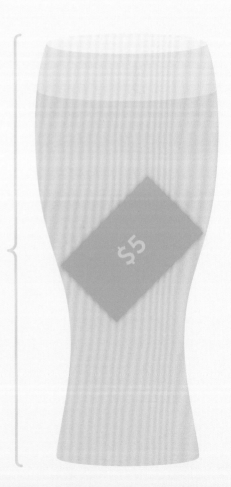

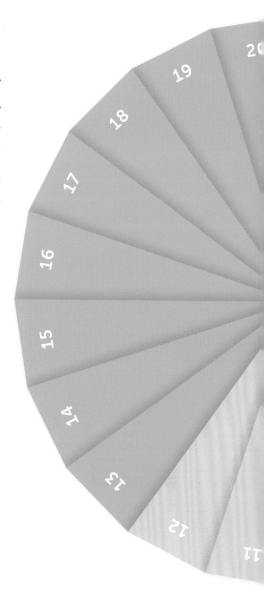

工具包

09

当你面对一个平均数时，试着找出它属于哪种类型，以及它是否能代表所传递的信息。有时，通过比较不同类型的平均数，我们可以收集到很多信息。例如，在20世纪80年代，美国人收入的中位数比算术平均值上升得慢。这告诉我们，财富的增加对富人的好处要多于对普通人的好处。

10

投票机制是复杂的，还时常会出现一些异常情况，如拥有最多选票的人最终却输掉了选举。设计一种投票机制需要在各种不完美的方案中做出选择。理解一种投票机制往往需要仔细阅读小号字印刷的规则，但这对于你了解投票的作用至关重要。

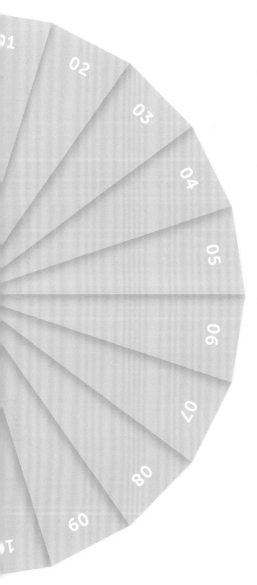

11

作为证据的 DNA 图谱不是独一无二的，而是基于人口中某些 DNA 标记的不同变体的频率。这些频率被用来计算匹配概率——随机一人（如被告）的 DNA 图谱，与证据中的 DNA 图谱匹配的概率。我们必须要知道匹配概率与被告是无辜的概率不是一回事。

12

为了便于比较，合法放贷的公司必须提供其贷款或信用卡的年利率（APR）。年利率是你一年的借贷成本，同时你还应该考虑任何其他的费用或收费。如果你的银行通知你它要调整月利率，那你就要注意了——即使是用于计算月利息的月利率的小幅上升，也会对你的债务产生巨大影响。

另一个判断一种贷款或比较两种贷款的好方法是计算贷款期结束时的总借款成本。

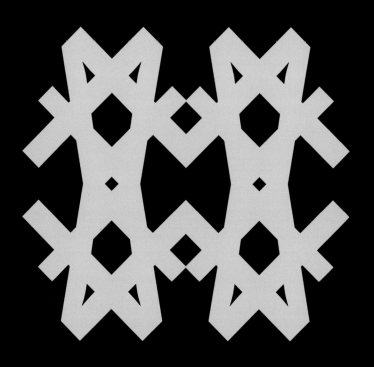

第4章

关系中的理性数字

一个简单的数学论证证明了我们都应该对彼此好一点。

　　了解人类关系是一件错综复杂的事。一旦涉及我们的互动方式、我们在恋爱时做出的选择和我们的性行为时，逻辑就好像离开了房间，并关上了门。更不用说我们与家人的互动方式了——只要问问家庭聚会上的冷眼旁观者就知道了。

　　但事实证明，数理逻辑的冷峻光芒常常会揭示出令人惊讶的结果，激发出新的问题和对人们互动方式的新发现，让我们拥有清晰的视野能够看清这一切。本章从一个出人意料的数学解释开始，试图来说明人类善良本性的演变，尽管善良似乎并不能为我们

每个人带来任何好处。然后，我们将通过网上约会的算法来研究数学是如何彻底改变了我们寻找倾心以待之人的方式。

　　当然，一旦你找到了那个特别的人，化学就有望会占据上风——但数学同样能帮助我们理解自己的思维方式和性爱方式。最后，所有那些性行为的结果便是各种亲戚关系。一个简单的数学论证证明了，我们都应该对彼此好一点，因为在不过短短几代人的时间之前，我们都曾经同属于一个大家族。

第13课　人类善良本性的演变

数学通常与心理学没什么关系。人类的行为不基于数学公理，当然也不遵循逻辑规则。然而，一个被称为博弈论的数学领域已证明了其惊人的作用，尤其是在理解我们自己和其他动物的行为方面。

博弈论的基础是两个人之间的互动，例如完成一桩商业交易，可以像游戏一样进行。"玩家"考虑自己可能的行动，预测对方的反击行动，并提出他们认为在某方面会对自己有利的策略：也许是让自己变得更富有，也许是增加或减少一些东西的数量，如幸福或内疚感。

博弈论是使用数学游戏来模拟人们之间的这种互动。博弈游戏旨在理解特定类型的互动本质。游戏的规则是清晰的，可能的行动是明确的，特定行动的好处或坏处也是可以量化的。这意味着博弈可以被系统地分析，看看哪些策略会导致哪些结果。博弈论是经济学的一个主要工具，但也能应用于心理学和生物科学中。

博弈论特别有趣的一个应用是在进化领域。其原理是将一群个体模拟为通过数学游戏进行互动的代理人。每个代理人都有一个特定的游戏方法，也就是一个特定的策略，它不一定是最优的，甚至可以因游戏而异。一个个体在与不同伙伴的反复博弈过程中，其成功率体现在他们产生的后代数量上：你在博弈中的收益越高，你的孩子就越多。子代继承了他们父母的策略（也许除了一些随机突变），这意味着，经过几代人的努力，策略可能成为主导，也可能消亡，或者交替轮回。

利用进化博弈论，科学家们已经能够揭示人类（和动物）一个进化的特征，该特征似乎与达尔文进化论的中心思想相悖，这个特征就是利他主义能力。

囚徒困境

想象一下，两名罪犯在一辆偷来的汽车

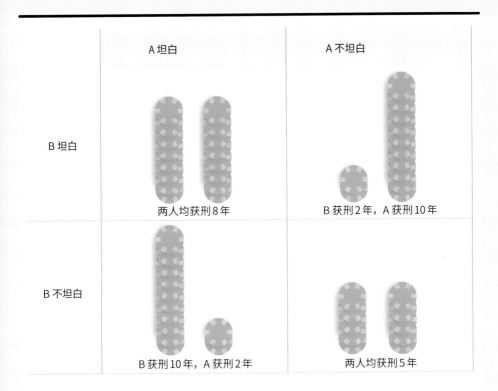

中被抓获，他们还被怀疑抢劫了一家银行。警察决定分别审问这两个人，并为他们提供相同的交易条件，即坦白可换得较短的刑期。交易的具体条款见上表。

在分析他们的选择时，每个(自私和理性的)嫌疑人都会意识到，无论另一个嫌疑人会怎么选，自己最好的选择都是承认抢劫行为。如果另一名嫌疑人不认罪，第一名嫌疑人可以从轻处罚，只获刑2年，比两人都不认罪的5年要好得多。如果另一名

嫌疑人坦白，第一名嫌疑人将被判处8年监禁，仍比不坦白的10年监禁要好。

因此，两个犯人都会选择认罪，并各自得到8年的刑期。但如果他们能够相互信任并守口如瓶，他们将只会被判处5年刑期。在这种情况下，与互相合作的结果相比，互不信任的结果会更糟。这种囚犯的两难困境其实是人类自身可能遭遇到的极端困难情况的缩影。

博弈

囚徒困境本质上是对信任的研究——或者至少是对合作的研究。为了将"囚徒困境"放在一个进化的环境中，我们可以想象一个由个体组成的群体，在这个群体中，每个个体都要与所有其他个体进行博弈，而且不仅是一次，而是反复进行博弈。

个体每次的游戏方式并不完全相同。相反，个体 A 是否与 B 进行合作的决定取决于 B 在上一次互动中的表现：如果 B 在上一次互动中进行了合作，那么 A 这次选择合作的概率为 p。如果 B 在上一次互动中没有选择合作，那么 A 这次选择合作的概率为 q。这是对现实生活的模拟，在现实中，信任是建立在反复互动的基础上的。因此，个体的 p 和 q 的确切值是对他们合作和宽容程度的衡量。

这种迭代版的囚徒困境，即个体之间的反复博弈，可以被转化为一个世代相传的进化游戏。首先，我们假定有这样一个群体，其中每个人的 p 值和 q 值都是随机挑选的，并允许那些在一生中获得最高回报的人（也就是说，监禁时间最少的人）比其他人拥有更多的后代。个体会将他们与生俱来的

合作意愿（他们的 p 值和 q 值）传给他们的后代，于是，在历经几代人后，合作和吝啬哪种策略的效果更好就变得很明显了。

当博弈理论家利用计算机模拟这种方法时，他们发现了一个有意思的结果：仅在几代人之后，一种慷慨的策略就占据了主导地位（1）。在该策略中，如果他们的对手上次合作了，那么个体将始终进行合作（所以 $p=1$），但即使他们的对手上次没有合作，他们仍然会以某种不为零的概率进行合作（所以 q 不为 0）。

更重要的是，随着世代相传，社会将变得越来越慷慨，直到那些总是合作的个人占据了社会的主导地位（2）。一旦如此，非合作者就可能会再次获益。策略的几次突变就足以让这些不合作者成为社会的主导（3），于是，整个循环将从头开始。

这种进化博弈或许非常简单，但它却表明了不仅在人类中，而且在许多动物物种中，一种利他行为可能已经进化的机制：以跨越几代人的长远眼光来看，合作和信任确实可以带来回报。

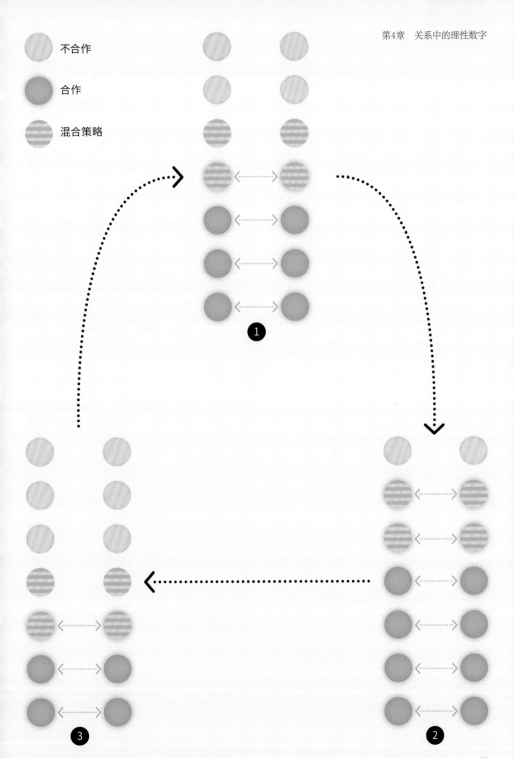

不合作

合作

混合策略

第14课　我们如何搜索

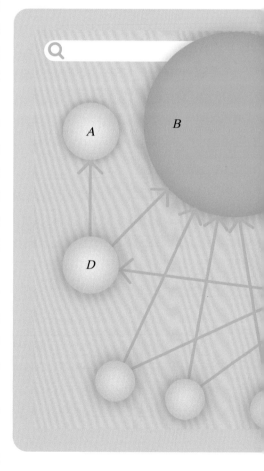

你在寻找爱情吗? 或者你正在考虑给朋友购买什么礼物? 又或是你在考虑要去哪里度假以及如何到达那里? 那么你几乎肯定需要使用数学算法来帮助你找到完美的解决方案。我们可获得的信息和选择的数量之大，意味着我们需要运用一些数学方法来实现我们的心愿。

一个明显的例子是互联网。网上的信息太多了，也许要花几百万年才能全部读完。但我们已经习惯于通过谷歌等搜索引擎来寻找问题的答案。1998年，谷歌发布了网页排名(PageRank) 算法，事实证明该算法在我们搜索网上信息时出奇地有效，如同把小麦从糠皮中拣选出来一样。

网页排名算法通过人气竞赛来决定一个网页的重要性: 一个网页被网络上的其他人链接的次数越多，它就越重要，它在你的搜索结果中出现的位置就越靠前。该算法构建了一个巨大的数字网格(称为矩阵)，网格中的每一列代表每个网页。与一个网页 P 相对应的那一列的条目表示网页 P 链接到了哪些其他网页。网页 P 把自身重要性的一部分传递给了它所链接的那些网页，通过把链接到它的其他网页的所有贡献相加，我们便

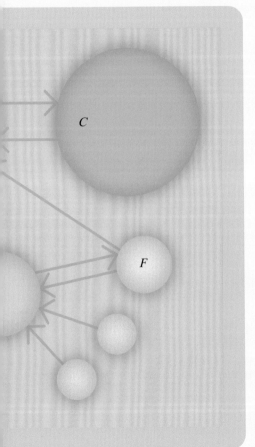

计算出了网页 P 的重要性。

　　这一切听起来很绕，但事实上，即使涉及的矩阵有数十亿行和列，计算这个网格中的数字仍是相对简单的，这要归功于著名的数学应用，即线性代数。

　　网页排名只是促成谷歌搜索结果的数学算法之一，它证明了数学在我们日常生活中的重要作用。聚合是现在最新的潮流，众多网站为我们提供了查找各种信息的方法，从航班、酒店、衣服，到难觅的收藏小雕像或我们内心的渴望。各色人等和公司经常围绕搜索结果进行博弈（只要搜索关键词"搜索引擎优化"就可以看到以搜索结果优化为目标的市场），但是，正如我们接下来要了解到的那样，要对在线约会的搜索结果进行博弈，我们需要一位数学家的加入。

网页排名(PageRank) 算法有点像人气竞赛，每个网页为它所链接的网页投票。但是有些投票，比如左图中网页 B 的投票，如果该网页本身就有很高的排名，那么它的投票就比其他投票更有价值。这就是为什么网页 C 的排名比网页 E 要高，尽管它只获得了一张票。

寻找爱情

我们在约会网站和应用程序上可以看到搜索算法工作原理的例子，这样的例子特别个人化，所有的约会网站和应用程序都依靠数学将你与潜在的约会对象联系起来——无论是基于调查的共同兴趣，还是基于性格测试的双方的匹配度、亲密度，甚至是基于你的社交媒体使用习惯而自动生成的性格画像。

OkCupid 是由哈佛大学的 4 名数学系学生在 2004 年创办的，其宣传口号是："我们用数学为你找到意中人。"他们的匹配算法依赖于用户对单项选择题的回答，例如"你担心碳水化合物的问题吗？""你想要孩子吗？"，等等。用户可以想回答多少问题就回答多少问题，而且对于每一个问题，用户还要填写他们希望自己理想伴侣的答案。用户还需说明每个问题对他们个人的重要程度：从无关紧要到必不可少。从数学上讲，你赋予每个问题的重要程度会改变该问题在计算中的权重：你的潜在伴侣的得分多少，取决于你对一个问题的重要性的评价，反之亦然。

算法的最后一步，将你和你的潜在匹配对象的分数合并为一种平均值，计算出"匹配百分比"。这一步使用的不是算术平均值，而是几何平均值（取 n 个数字的乘积的 n 次方根）。当你要平均化的数量相当不同，甚至可能需要衡量不同的属性时，几何平均数就变得特别有用。

匹配百分比是基于你们双方回答的 n 个问题中你们给对方的分数。将这些分数相乘，然后取这个答案的 n 次方根。如果你们回答了两个相同的问题，你的潜在匹配对象的得分是 98%，你的得分是 91%，那么你们的"匹配百分比"就是：$\sqrt{(0.98 \times 0.91)} = 94\%$。如果你们的满意标准是回答三个相同的问题，我们就会取立方根，你们的匹配百分比就会是：$\sqrt[3]{(0.98 \times 0.91)} = 96\%$。如果你们回答了 4 个相同的问题，我们就会取四次方根：$\sqrt[4]{(0.98 \times 0.91)} = 97\%$。

由于这种数学运算的特性，你回答的问题越多——n 的 n 次方根的值越高——你的匹配百分比就越高。

然后该网站使用这些信息来计算你和其他用户之间的"匹配百分比"，并根据这些信息向你推荐潜在的约会对象。你与一个人的匹配百分比越高，你的资料在他们的搜索结果中就会出现得越靠前，而他们的资料也会出现在你的搜索结果中。

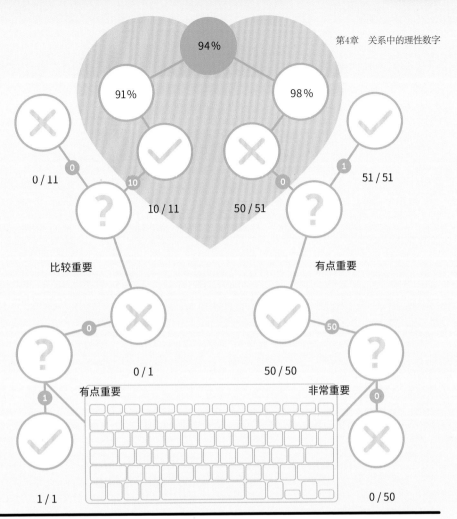

94%

91% 98%

0 / 11 0 10 51 / 51 1

10 / 11 50 / 51 0

比较重要 有点重要

0 / 1 50 / 50

有点重要 非常重要

1 / 1 0 / 50

2012年，一位数学博士生克里斯·麦金莱（Chris McKinlay）"非法侵入"了OkCupid的算法。他实际上并没有入侵网站的机器。相反，他利用自己的数学技能来选择回答哪些问题（他诚实地回答了这些问题），以及破解了这些问题的重要程度，从而大幅提高了他的匹配率。他从只有100个匹配率超过90%的对象，到成为超过30000名女性的顶级匹配者。

但这并不意味着这些匹配能自动转变为成功的关系，只是意味着他更有机会在其他人的搜索结果中处于更优势的位置，从而获得那难以实现的初次约会机会。他经历了88次初次约会才遇到了自己的真爱，在2014年这个故事见诸报端时，他和对方已经订婚了。亲爱的读者，你们要知道，是他自己一手促成了他们的婚姻。

人类可能

遵循逻辑。

以解释人

并不总是

但逻辑可

类的行为。

第15课 性的统计数据

就算是数学家们也会表示同意，性不是一种数学活动，但试图理解我们的集体性行为是一种数学活动。准确地说，它是一种统计活动。这是因为在社会科学的所有领域，你都需要通过数据才能真正理解正在发生的事情。你需要知道人们的行为、行为的程度、行为的动机，以及他们对自己行为的态度。

如你所料，人们开始系统地收集关于性态度和行为的数据是相对晚近的事。你或许还记得谢尔·海特（Shere Hite）在20世纪70年代发表的关于女性性行为的研究，或者阿尔弗雷德·金赛（Alfred Kinsey）在1950年左右出版的开拓性著作。这些研究涵盖了人类生活中极其私密的部分，其本身就很吸引人，但收集性行为的信息还有很多其他原因。

在20世纪80年代的艾滋病毒或艾滋病（HIV/AIDS）流行期间，人们发现，只有了解了人们的性接触模式，才能理解和预防性病的传播（见第1课）。性与婴儿有着千丝万缕的联系，我们只有知道谁与谁发生了性关系、发生的频率如何，以及他们对避孕和堕胎的态度和条件如何，才能预测未来的人口统计数据。性态度也与性别平等和性犯罪等问题密切相关。更为根本的是，性是人类心理的一个重要组成部分。

金赛和海特的研究震惊了世界，并在当时产生了重要影响——就海特而言，是对妇女解放运动的影响，但遗憾的是，这些研究也是未能成功进行数据统计的例子。例如，海特向妇女组织包括争取堕胎权的团体和大学里的女性中心发出了她的第一份调查问卷，但这项调查的目标群体是几乎不能代表整个美国女性人口的妇女群体。只有3%的女性填写了问卷，因此海特最终得到的只能是一个本身就不具代表性的群体中的不具代表性的样本。她后续几次调查的答复率也是事与愿违，这使她受到了强烈的批评。毫无疑问，海特的重要研究成果因此而被削弱了。大卫·斯皮格豪特（David Spiegelhalter）在他引人入胜的《数字中的性》（*Sex by Numbers*）一书中，将海特的统计数据称为"不准确的"，将金赛的统计数据称为"可能与现实相差很远的数字"。

如今，统计工具——如显著性水平和置信区间——已经是大多数社会科学家工具包中的主要选择。在社会科学中，性统计与其他统计的区别在于收集数据的难度。并非每个人都愿意提供关于性的私人信息，或愿意如实地提供这些信息。研究需要进行精心设计，而且分析时还需要进行大量的侦查工作。

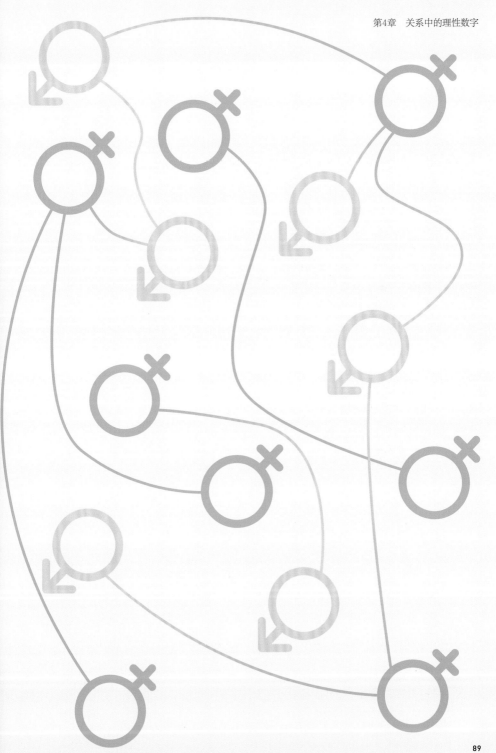

数字中的真相和谎言

在性统计中，一点数学意识就可以起到很大作用，例如第三次全英性态度和生活方式调查（Natsal），该调查在2010年至2012年间采访了15000名16~74岁的人。调查的一项结果是，直男[1]平均有14个性伴侣，而直女[2]平均只有7个性伴侣。乍听起来，这可能并不令人惊讶——除非你意识到这在数学上是不可能的。在一个男性和女性人数大致相同的封闭人口中，性伴侣的平均数是需要相等的。

这个结果并不难证明。想象一下，有 n 个男人和 n 个女人，其中一些人已经相互发生了性关系。把所有人面对面排成两排，一排女人面对一排男人，如果他们有性行为，就在该男女之间画一条线。用 w 代表从这一排女人中发出的线的总数，用 m 代表从这一排男人中发出的线的总数。每位女性的平均性伴侣数量为 w/n，每个男人的平均性伴侣数量是 m/n。然而，由于每条从女性发出的线最后都会到达男性，反之亦然，所以性伴侣的总数，即 w 和 m，是相等的。但如果 $w=m$，那么 $w/n=m/n$。换言之，平均数是相等的。

那么，第三次全英性态度和生活方式调查的数字背后的原因是什么呢？一个明显的可能性是，男性往往会夸大自己的性伴侣数量，大概是为了炫耀，而女性则往往会少报自己的性伴侣数量，也许是因为害怕遭到羞辱，即使她们对调查的回答是保密的。

但还有一些更微妙的解释能说明对性这种私密和主观的话题进行调查的难度。例如，我们的数学证明假设了一个封闭的群体，也就是说，在这个群体中，每个人都只与同属于这个群体的人发生性关系，而不会与外人发生性关系。对于英国的全部人口来说，这可能或多或少是真实的，但对于参加调查的人来说，这并不真实。如果有合理比例的男性与不在调查之列的女性发生了性关系，那么平均数就有可能不对等。这些女性可能包括那些低于调查年龄限制的女性，或性工作者，她们都不在调查对象之列。

另一个问题是人们对性伴侣或性经历的理解差异。也许男性有一种倾向，会将女性不认可的经历也算作性经历。科学家们正试图调整类似于这样的对统计差异的解释，但据我们所知，至今仍未达成定论。不管答案是什么，如果没有第三次全英性态度和生活方式调查，人们就不发现这种有趣的差异。

---

[1] 直男：指性取向为女性的那些男性。——编者注
[2] 直女：指性取向为男性的那些女性。——编者注

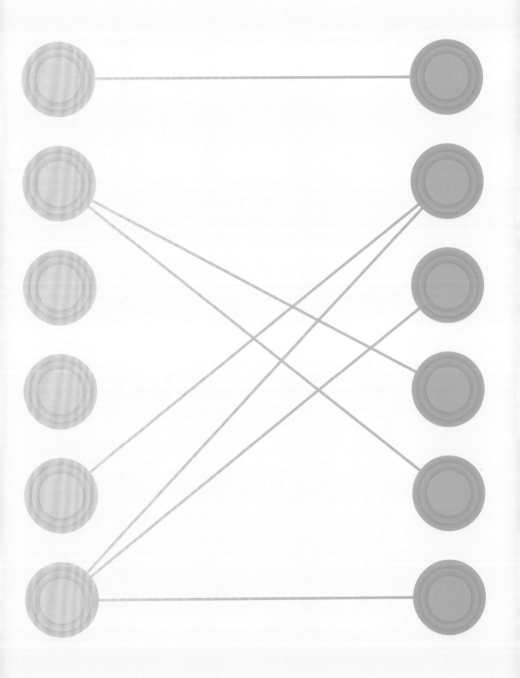

第16课　认识亲戚

家庭是复杂的。有时你甚至会想，你和最亲近的人是如何联系在一起的。幸运的是，数学可以使最复杂的关系变得非常清晰。

了解你的直系祖先或后裔是相当简单的。你父母的父母是你的祖父母，他们的父母是你的曾祖父母，你曾祖父母的父母是你的曾曾祖父母……同样，你孩子的孩子是你的孙子，他们的孩子是你的曾孙，等等。但是一旦你将任何人的兄弟姐妹考虑进来，如果没有一点数学知识来厘清关系，情况很快就会变得混乱。

如果你有兄弟姐妹，你的孩子将是你兄弟姐妹的孩子的表亲或堂亲。你的孙子孙女将是你兄弟姐妹的孙子孙女的第二代堂兄弟姐妹或表兄弟姐妹。你的曾孙和你兄弟姐妹的曾孙将是第三代的表亲或堂亲。记住这一点的一个简单方法是，如果两个人是第 n 代表亲或堂亲，他们各自的孩子将是 $(n+1)$ 代表亲或堂亲。而且，第 n 代堂兄弟姐妹或表兄弟姐妹共同拥有两个 $(n+1)$ 代以前的祖先——第一代堂兄弟姐妹或表兄弟姐妹的祖父母相同，第二代堂兄弟姐妹或表兄弟姐妹的曾祖父母相同，等等。

但是你的表亲或堂亲的后代与你的关系是什么呢? 你的堂兄弟姐妹或表兄弟姐妹的孩子是你隔了一代的表亲或堂亲。他们的孩子是你隔了二代的表亲或堂亲，以此类推。"隔代"的次数是指你们之间的代数。

这种分离可以在家谱中向上(探寻历史)和向下进行。你祖父母的兄弟姐妹是你的曾祖叔父或曾祖姑母。他们的孩子将是你父母的第一代堂兄弟姐妹或表兄弟姐妹。由于他们是你的上一代，他们与你是隔了一代的表亲或堂亲。他们与你共同拥有两个祖先——你的曾祖父母(与你相隔三代)是他们的祖父母(与他们相隔两代)。他们是你隔了一代的表亲或堂亲。隔代次数指定了你们之间的代数，而堂兄弟姐妹或表兄弟姐妹的代级 n 则来自你们共同祖先的最短距离 $(n+1$ 代)。

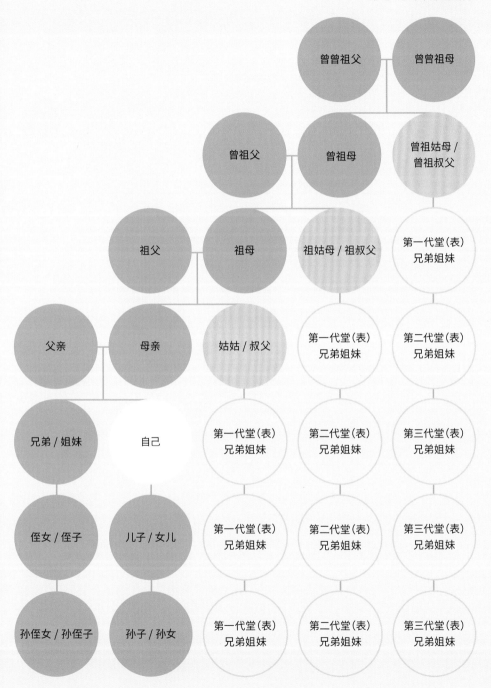

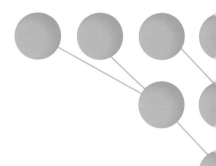

我们是一家人

在生物学上，你是父母双方的结晶，而他们各自有两个父母——你的祖母和祖父，以及你的外祖母和外祖父。你的每个祖先都有两个父母，使得你的每个上一代祖先的规模增加了2倍。

这些前几代人的数量以指数增长的方式进行膨胀。往前推十代，大约300年前（采用一代人约30年的常见假设），你家谱中的那一代由 $2^{10} = 1024$ 个祖先组成。你的第20代祖先，大约在600年前还活着，由超过100万人组成。而在900年前，你的第30代祖先人数超过了10亿人。但这时我们遇到了一个问题：人们认为当时全世界的人口还不到4亿人。这意味着在历史上的某个时

间，你家谱的分支开始与别人的家谱出现了交织和重叠。

这个论点同样适用于今天活着的每个人。历史上没有足够多的人口，以至于你所有的潜在祖先都与我的所有祖先，或其他任何人的祖先之间不能做到泾渭分明。我们所有人的家谱最终交织了在一起：在曾经的某个时刻，我们都有一个共同的祖先。从那以后，我们的祖先世代交叉得越来越多，直到在历史上的某个时刻，当时活着的每个人要么是今天活着的每个人的祖先，要么是他们的后人没有能够活到今天。

这种数学论证已经被各种方式研究过，并被纳入各种人类迁移和交配的模型中。所有模型对最近的共同祖先在世时间的估计出

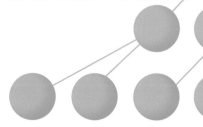

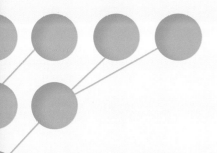

奇地接近——肯定是在过去几千年内，对于欧洲人的后裔来说，这一时间还不到一千年前——完全在我们有史可考的时间范围内。这些模型中有一个惊人的结果，其论据比较有说服力，即所有欧洲人都是八世纪查理曼国王（King Charlemagne）的后裔，或者是与查理曼国王同时代的其他人的后裔（例如查理曼国王最低级的仆人，只要他们的后人继续活到了今天）。

这种拥有共同祖先的数学模型也得到了遗传学研究的支持。我们的一半基因来自母亲，另一半来自父亲。我们与自己的祖先拥有相同的 DNA 序列，其中序列相同部分最长的是我们的父母，离我们越远的祖先，

其相同的序列就越短。遗传学家已经确定了人口中的共同基因序列，证明了一千年前生活在欧洲的每一个人都是今天活着具有欧洲血统的人的祖先，当然前提是他们要有后代。

人类有一种聚居的倾向，地点、语言或外部差异使得不同族群之间的差异巨大。但是这种数学观点强调了这样一个事实，即我们每一个人都与这个星球上的其他人有着悠久的历史渊源。同时数学还表明，我们共同拥有的祖先可能比你最初想象的在时间上要近得多。你无法选择自己的家人，但你可以接受全人类都有亲戚关系这一事实。

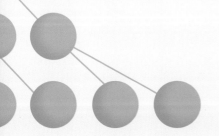

工具包

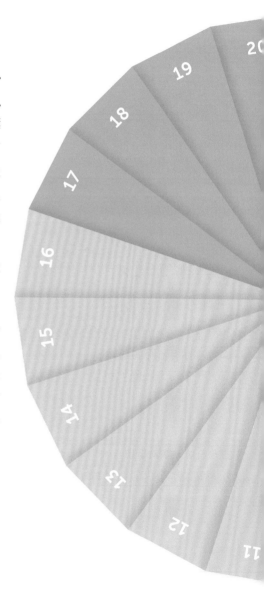

13

下次当你犹豫是否要对同伴慷慨解囊时，请记住，对人慷慨大方可能不仅仅有利于你所面对的那个人，而且有利于整个社会。根据博弈模型，只要慷慨的个体人数足够多，那么就会让其他人觉得自己也能做得到对他人慷慨，从长远来看还会从中受益，于是一个人人乐于慷慨友善的社会就可以发展起来。

14

在这个信息时代，我们都依赖算法来寻找我们需要的东西。你每天都可能用到的一个算法是网页排名——谷歌搜索引擎所使用的数学算法。这种数学算法现在被用于许多意想不到的领域，包括研究化学中的分子、生物学中的基因、神经科学中的神经网络，以及预测道路网络的交通流量等。

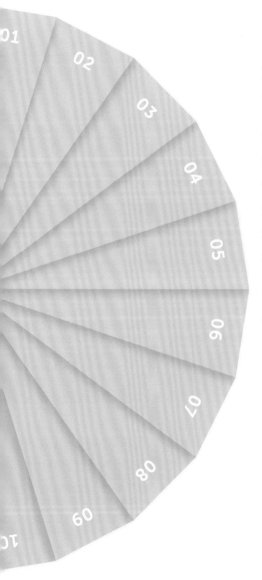

15

了解我们的集体性行为不仅有趣，而且实用。例如，它可以帮助我们认识性传播疾病是如何传播的，以及未来的人口可能会如何增长或减少。然而，关于性的真实统计数据却很难得到，因为不是每个人都愿意透露这种私人信息。这意味着关于性的调查需要进行精心设计和细心解释。

16

我们的祖先数量随着我们每一代的追溯而呈指数级增长：两个父母，四个祖父母……2^n 个曾$^{(n-2)}$祖父母。随着向上追溯的代际越久远，由于世界人口的规模并非无限制，你的家谱分支会与今天活着的每一个人的家谱出现交织和重叠，直到在某个时刻，我们都拥有一位共同的祖先。

第5章

通讯中的基础数字

数字世界是从数学中发展起来的，它的技术是用数学建立的，正是数学保证了我们的通信安全。

在过去的几十年里，我们的通信手段发生了翻天覆地的变化。这在很大程度上要归功于数字革命，而数字革命是以数学为坚实基础的。如果你是在网上购买的这本书的电子版，那么这单交易至少在三个方面使用了数学：数学是实现你订购过程的算法；数学对你的信用卡信息进行了加密；数学还将这本书无线传送到了你的设备中。数字世界是从数学中成长起来的，它的技术是用数学构建的，正是数学保证了我们的通信安全。

促成现代技术的不仅仅是计算机所使用的0和1的数学。当你在使用汽车的卫星导航系统时，你会想起古希腊的古典几何学和爱因斯坦深奥的相对论。我们的通信是通过网络进行的，网络理论的数学可以很好地解释其特点。在数学抽象的锐利眼光下，即使是最复杂的网络也会表现出某种秩序。

有些人担心人工智能的崛起。随着算法现在能够筛选我们在数字痕迹中留下的大量数据，并根据它们所看到的东西进行自主学习，人工智能会在某个时候霸占世界吗？这种恐惧是真实的，即便人们对此有些怀疑也是合理的。然而，在许多情况下，这种恐惧是由于我们缺乏对通信技术真正运作方式的了解。也许现在是时候让我们运用数学方法来揭开现代信息时代的神秘面纱了。

第17课　网　络

你在社交媒体上有多受欢迎? 最可能的答案是: 你没有自己想象中的那么受欢迎。2016年对580万推特用户进行的一项研究发现，超过93%的用户拥有的平均关注者数量少于他们关注的人的数量。唯一摆脱了这种尴尬的用户是那些拥有了超过15.5万名关注者的用户，而由于拥有超过460个关注者的用户只占总用户的1%，所以这样的用户寥寥无几。

在社交媒体出现之前，社会学家斯科特·L.菲尔德(Scott L. Field)在1991年就已经观察到了这种现象。平均而言，大多数人比自己的朋友拥有更少的朋友，但当你问他们时，他们往往会认为自己的朋友比他们的朋友多。由于这种差异，这种现象被称为友谊悖论。

友谊悖论是社交媒体世界抛给我们的许多令人困惑的事情之一，但我们可以通过一些相对简单的数学方法来进行解释。一种可能性是，这个悖论只是一个统计数据上的假象。你可以想象一个友谊网络，不管是现实世界的还是虚拟空间的，这个网络中有几个人非常受欢迎。如果你是这样一个所谓的中心人物的朋友，再算一算你朋友的平均

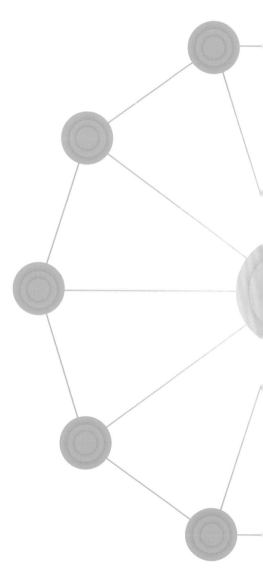

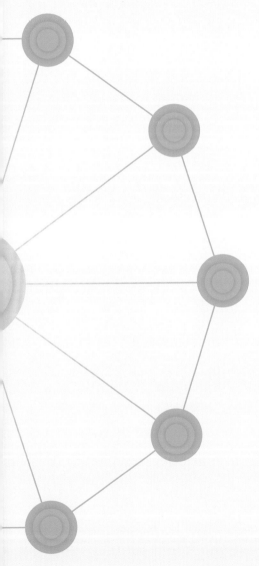

人数，那么只是这个非常受欢迎的中心人物就会将你的平均数拉升。

在一张纸上画出网络就能很好地说明这一情况。在这个例子中，中心的焦点人物有十个朋友，而其他所有人只有三个朋友。因此，其他人的平均朋友数量是（3+3+10）/3=16/3=3.3。由于这一结果大于3，所有的非中心节点都受到友谊悖论的影响。但这并不意味着他们特别不受欢迎，他们只是碰巧没有中间的那个超级明星那么受欢迎而已。

还有一种更有意思的方式可以导致友谊悖论。在一种人人都想跻身上流社会的模型中，人们可能更愿意只与比自己更受欢迎的人交朋友。如果情况如此，那么网络结构图就不会出现明显的热门人物，即不显示存在高度受欢迎的中心。相反，它将呈现出某种层次结构。在推特网络的例子中，情况略有不同，因为关注关系通常不是对等的，但是类似的结果仍然适用。正是在对推特用户的研究中我们发现了这种层次结构：人们更喜欢"向上关注"而不是"向下关注"，而且只有那些关注者少的人才更乐意"横向关注"。这种趋势十分强大，甚至连前0.5%的用户也遇到了友谊悖论：他们所关注的人的平均粉丝数量要大于他们自己的粉丝数量。

因此，友谊悖论并不是真正的悖论，而是网络发展方式的结果。

网络的发展

网络科学很重要，因为网络在现代生活中无处不在。我们的出行要靠道路和交通网络。我们还依赖电力网络。甚至连我们的身体也离不开网络，例如，由我们大脑中的神经元形成的网络。了解网络对于改善我们所需要的东西（水、电、信息）的流动，以及阻止我们所害怕的东西（恐怖主义、假新闻或疾病）的传播，是至关重要的。

理解所有不同的网络似乎是一项不可能完成的任务，但数学之神一直很仁慈：许多网络，即使是在不同的背景下产生的，也显示出若干相似的特征。

这些特征中有一种叫无标度性，这个概念在2000年左右由阿尔伯特－拉斯洛·巴拉巴西（Albert-László Barabási）和雷卡·阿尔伯特（Réka Albert）通过研究发现，他们声称无标度性存在于社交网络、互联网和蛋白质调节网络中等，不胜枚举。

此前，人们认为大多数复杂的网络其本质上是随机的：如果你从一组节点开始，随机决定它们之间的连接，你会得到同样的结构。这样的网络往往是"民主"的：大多数节点的链接数量大致相同。这种典型的链接数量说明，我们面对的既是一个"大规模"的网络，其典型链接数量很高，也是一个"小规模"的网络。

相比之下，无标度网络没有这样的特征规模：大多数节点只有几个链接，但有一些节点却有大量的链接。在数学上，无标度网络的链接分布遵循幂律：具有一定数量 x 链接的节点 y 的数量证明与 $1/x^k$ 成正比，其中 k 是一个常数，通常很小，介于2和4之间。

为了理解为什么有这么多的网络会出现这种结构，你需要把视线放宽到网络产生的背景，集中精力去研究制约网络发展的数学规则。巴拉巴西和阿尔伯特发现，无标度性是我们在对推特的研究中看到的优先依附的结果：如果新加入网络的节点更愿意依附于已经有很多链接的节点（我们都清楚为什么会发生这种情况），那么无标度性就自然产生了。

如果知道一个网络是无标度的，那么就可以知道它在面对中断时的可靠程度。假设在一个无标度的运输网络中，一个随机的节点发生了故障，这有可能不会对整个网络造成太严重的影响。即使有许多高度连接的枢纽，绝大多数节点仍然没有太多的连接，所以其中一个节点发生故障并不是太大的问题。但另一方面，无标度网络非常容易受到有针对性的攻击：如果一个主要的机场失去了作用，那么整个交通运输网络就有可能崩溃。

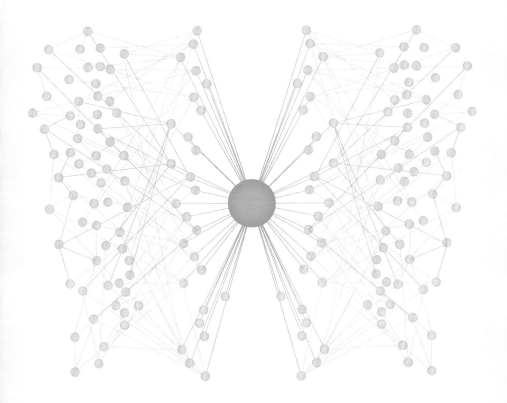

由于许多现代网络都大得惊人，因此很难说清到底是哪些网络确实表现出了无标度性。然而，无标度性的假设至少可以阐明一些难以理解的过程。例如，在2017年的一项研究中，加利福尼亚大学的迈克尔·斯皮维（Michael J. Spivey）模拟了假新闻在无标度网络中的传播。假设节点不会立即相信一条新闻，而是试图用另一个来源来验证它。假设与现实中的情况一样，所谓独立的第二个来源实际上与第一个来源有关。斯皮维发现，"网络中的一个节点非常容易被欺骗，以为它收到了一个虚假谣言的独立验证，而事实上，通过对'第二个来源'进行追溯，就会发现它又会回到原始来源"。当然，斯皮维的研究只是一个模拟，但如果我们要防止假新闻的传播，这种理论上的理解对于打击假新闻的泛滥很有必要。

第18课　保持安全

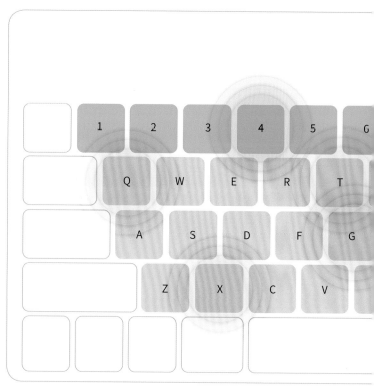

如今，互联网安全比以往任何时候都更重要。就在不久之前，我们需要保护的还主要是个人电子邮件，以免其被窥视。但时至今日，我们需要保护的则是许多种类的高度敏感信息：金融交易和银行信息、医疗记录、社交媒体的账号信息，等等。所有这些信息都需要得到保护，而数学是确保这些保护措施安全无虞的关键。

如果你要想了解其中的原理，让我们从每天都会接触到的一种基本保护类型开始介绍：互联网密码。

互联网密码

虽然我们经常被告知要使用至少8位数的字母、数字和符号的真正随机组合，但使用"p@ssw@rd"或"Michael88"这样的密码要轻松得多。然而，只需要一点点的数学知识，就能明白随机性到底有多重要。

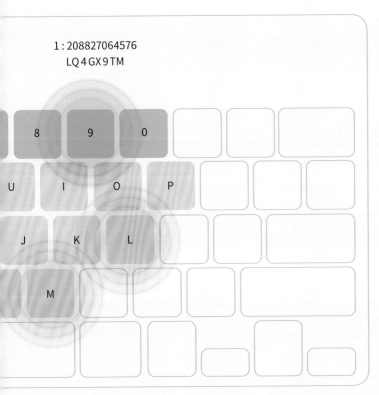

1 : 208827064576
LQ 4 GX 9 TM

　　想象一下，要破解一个8个字符的密码，而且它是由26个小写字母组成——别忘了还有任何符号或数字，这将使它更难破解。如果密码是由八个字符组成的真正的随机字符串，那么你需要准备尝试超过2000亿种可能性才能猜中：对于有26个可能的字母的任意八个字符，总共有 $26^8 = 208827064576$ 种组合。相比之下，英语中只有大约80000个八个字母的单词。如果密码是其中之一，而你作为一名怀疑这一点的黑客，你最多只需要80000次猜测便能破解密码。这相当于2亿种可能性中的0.04%——这对计算机来说是很容易的事。如果黑客在进行攻击的过程中加入了受害者的个人信息，例如，把重点放在由他们的名字和出生年份组成的密码上，黑客的破解工作就会变得更加容易。

密码学

正如我们刚才所描述的那样，密码的作用就像一把锁，锁住了装有敏感信息的盒子。然而问题是，当涉及互联网账户时，这个盒子并不在你手中。它存在于某台别处的计算机上（例如你的银行），所以你的密码仍然需要通过互联网进行发送并存储在其他地方（例如银行的数据库中）。这给我们带来了密码学的艺术：为了安全地发送和存储敏感信息，你需要使用一些难以破解的秘密代码对其进行加密。实现这一目的的一个好方法是使用数学问题，这些数学问题很容易设计，但却很难被解开。

一个很好的例子来自两个最基本的数学运算，乘法和除法。任一两个数字相乘是比较容易的，但如果只给了它们的乘积，就很难算出它的因数是什么。

当涉及的数字很大时，即使让计算机来算，也是非常困难的。我们有一些算法可以找到任何给定数字的因数，不管这个数字有多大，但是这些算法需要执行的步骤数量会随着输入数字的大小而呈指数增长。如果输入的数字足够大，那么即使是最快速的超级计算机也无法在宇宙毁灭之前找到它的因数，至少目前已知的算法是无法做到这一点的。

被广泛用于互联网信息传输加密的

RSA 加密方案，正是基于这种乘法难以倒推的性质。

· 首先，信息的发送者通知预定的接收者，表示他们想给接收者发送一些东西。

· 接收者选择两个大的质数，并将它们相乘，得到一个更大的数字 N，并将其发回给发送方。

· 然后，发件人使用一种特定的算法来加密他们的信息，这种算法的关键取决于数字 N。

· 要想解密信息，你需要知道 N 的因数。对于预定的接收者来说，这不是问题，因为他们已经知道了这些因数。

· 然而，截获信息的攻击者首先需要对 N 进行因数分解，正如我们上面所说的那样，如果 N 很大，这就是无望的尝试。

回到锁的比喻，RSA 方案的作用就像一把挂锁。预定的接收者向发送者发送一个打开的挂锁（数字 N）。发送者把信息放在一个盒子里，把挂锁扣上（用数字 N 对信息进行加密），然后把盒子寄给接收者。然后，接收者用他们的钥匙（N 的因数）打开挂锁。

因此，每当你在互联网上进行交易时，无论是登录你的银行账户还是发送私人电子邮件，都是数学在保证你的安全。

现代信息

立在数学

时代是建之上的。

第19课 大数据

每分钟，我们在社交媒体上会发布超过30万张照片，上传数百小时的视频，发送数百万条推特和电子邮件，花费一百万美元在网上购物，并向我们手机中的虚拟助理询问超过10万个问题。在今天所有的数据中，有90%是在过去两年里产生的。在过去的生活中，我们只会留下脚印、死细胞和偶尔的一点垃圾，但在现在的生活中，我们每天每时每刻都在留下数据。

数据科学家们经常需要同时处理数以万计的测量数据，但并不知道哪些能带来他们感兴趣的结果。例如，微阵列基因数据是对成千上万个基因的同时测量。他们试图从这数千个变量中找出对自己的研究真正重要的变量，可能会感觉这更像是一次钓鱼探险，而不是做科学研究。而且在过去，你能够在一张纸上绘制数据点，但是现在，这些变量是高维空间中的点，每个点代表着数百或数千条不同的信息。统计学家和数据科学家正在致力于开发新的技术，以了解这些完完全全不同的数据。

机器学习

理解和使用大数据的一种方式是使用机器学习。机器学习算法不是被明确告知要做什么，而是使用一组数据（训练数据）来调整一个数学模型，也就是一组数学方程，以便它能自动完成一些过程。

举个例子，假设你想让模型自动识别猫的图片。令人欣慰的是，互联网上充斥着大量猫的图片。于是你从训练数据开始：给你的模型输入了一组被准确标记为猫或不是猫的图片。

将识别猫的过程自动化的一种方法是用数学模型，这种模型脱胎于我们自己的大

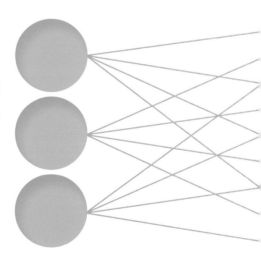

输入层

脑。人工神经网络是由许多数学方程组成的，每个方程就像一个神经元，在一个网络中连接在一起。网络从一个输入层开始，它将图像的数字表达作为一个像素网格。然后这些输入被传递到连续的数学方程式中，直到作为输出神经元的方程式给出了是猫或不是猫的结果。

当你通过网络发送训练数据时，每个神经元对最终答案的贡献取决于它与网络中其他部分之间的连接强度——连接较弱的神经元在最终答案中并没有发挥多大作用。如果网络对训练数据中的特定图像给出了错误的答案，机器用来学习的规则将增加或减少网络中神经元之间的连接强度，以便使网络尽可能地给出正确的结果。这样做的原理是，如果你对足够多的训练数据重复这一步骤，你最终会得到一个能够自动和准确识别图像是否包含猫的网络。

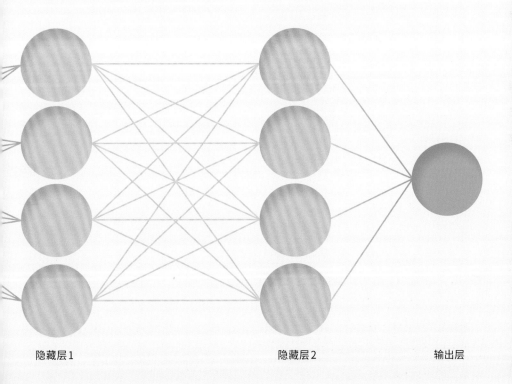

隐藏层1　　　　　　　　　隐藏层2　　　　　　　　　输出层

人工智能

上述任务听起来很平淡（尽管我们对寻找更多的猫咪图片颇感兴趣），但对许多人来说，一台机器在没有我们明确帮助的情况下学习如何做某事，可能看起来有点骇人听闻。机器学习是人工智能（AI）的一个分支，人工智能经常被媒体炒作为未来世界末日的代理人。

然而，人工智能进入人们的生活已经有一段时间了，即机器模仿人类行为并不是什么新鲜事。现在，社交媒体网站常常会识别你认识的人的图像，并鼓励你在照片上标记他们。在线零售商会发送给我们可能想看或买的其他产品，当我们在互联网上浏览网页时，专门针对我们过去的浏览历史的广告会不断地推送给我们。现在，许多人的手机或家里都有人工智能，它们能对语音提问做出回应——理解所问的问题并采取适当的行动或提供正确的答案，且成功率令人瞩目。

人工智能在减少铺天盖地的垃圾邮件、搜索新药和检测信用卡诈骗方面显然能造福人类。但它也是假新闻和社交媒体回声室效应背后的推手。许多社交媒体新闻网站使用的机器学习算法只希望你能点击链接并在他们的网站上花费更多时间。因此，他们会根据我们自己的观点和网络行为推荐类似的链接，并推送与我们和朋友以前读过的故事相类似的内容，这会导致我们生活在网络泡沫中，我们只会看到和听到我们可能认同的信息。这些人工智能的例子没有一个是有心智的，除了实现它们被设定的（通常是经济）目标外，没有一个人工智能有邪恶的计划。

大多数研究人员认为，人工智能的危险不会来自一些在网络实现了意识并决定除掉湿件（即人类）的智能机器，而是来自被无意识的人工智能改变了的我们的行为方式或我们看到的信息所导致的意外后果。

人工智能应用的领域

·谷歌地图通过使用那些来自人们手机中的数据来分析交通，并推荐最快的行进路线。

·机械式人工智能已经使用了一个多世纪，例如蒸汽机中用于保持稳定速度的瓦特调速器。一个机械反馈机制能自动控制进入发动机的燃料量或速度。

·垃圾邮件过滤器不是依靠垃圾邮件发送者可以绕开的简单规则实现拦截的，而是根据收到的信息以及你对垃圾邮件的判断进行学习而实现的。

·无论你是在网上购物，还是在选择流媒体电影，你所使用的系统将根据具有类似购买历史的其他人选择购买或观看的产品来为你做推荐。

第20课　知道自己身在何处

对我们大多数人来说，纸质地图的时代早已过去。我们从互联网上打印地图，使用车载卫星导航，或者用智能手机上的地图导航。你会注意到很多人在寻找穿越城市的道路时，都盯着手机上显示实时位置的一个蓝点。

但我们的手机或汽车卫星导航系统是如何知道我们的位置的呢? 这些设备依靠的是一项精巧的技术——GPS，它最初是由军方开发，但现在已经成为我们日常生活的一部分。虽然它使用的科技非常高级，但也离不开几千年前的数学原理，还有一些看似深奥的理论物理学知识。

古代数学

如你所料，数学家们一直对圆和球等几何概念感兴趣。两千多年前，希腊数学家欧几里得(Euclid)和阿基米德(Archimedes)等人首次对这些概念进行了全面的研究。他们对圆锥体即用一个平面切开双锥体而得到的形状特别感兴趣。

如果你的平面与圆锥体的斜率平行，你会得到一条抛物线。如果你用一个垂直于圆锥垂直轴的平面来切割双锥体，你会得到一个圆。如果你将平面稍稍倾斜，你会得到一个椭圆，如果平面是垂直的，则得到一条双曲线。

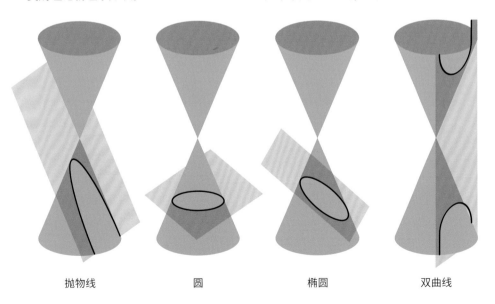

抛物线　　　　　圆　　　　　椭圆　　　　　双曲线

所有这些形状都可以用几何学来描述。例如，圆是指与中心点距离(r)相同的点的集合。但你也可以用方程来描述一个圆。在一个典型的直角坐标系中(你应该在学校里学过这些)，圆是坐标为(x, y)的点的集合，表达式为：

$$x^2 + y^2 = r^2$$

每个圆锥段都有一个对等的几何和代数描述。

正如我们将看到的，圆是 GPS 的核心。但其他形状在现代通信中也很有用。抛物线被用于各种接收器中，例如城市中建筑物侧面伸出的卫星电视天线。抛物线的几何形状意味着这种形状可以将传入的光线集中在中心的一个焦点上。

圆锥体的另一个部分，即双曲线，被用于多重定位——利用传入信号来确定位置的另一种方法。在第一次世界大战中，这种方法被用来通过敌人的炮声来定位敌人的炮兵位置。今天，双曲线仍可用于通过悄无声息地聆听目标发射的信号来确定该目标的位置。

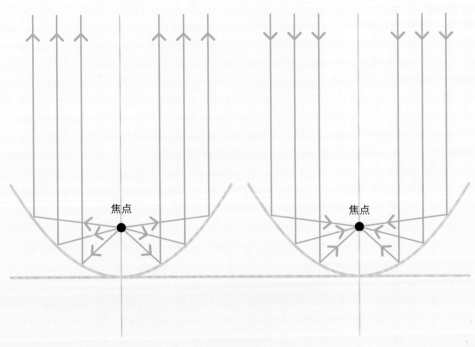

全球定位系统

GPS 是全球定位系统(Global Positioning System)的缩写,指的是一个由 31 颗卫星组成的网络。有了这个网络,任何人于任何时间在地球上的任何位置,都至少有四颗卫星在头顶上运行。

每颗卫星都运行在一个精心规划的轨道上,因此我们可以非常精确地知道自己相对于地球的位置。卫星上还有一个非常精确的时钟,其时间被设定为与地球上的时间一致。这些卫星用光速传播的无线电波来发送信息,不断地广播它们的位置,以及信息从卫星发出的时间。

一个支持 GPS 的设备,如你的卫星导航系统、手机甚至你的相机,都有一个接收器来监听这些信号。当设备收到这样的信息时,就可以很轻松地计算出你和卫星之间的确切距离。该信息所传输的距离是:

$$d=c \times t$$

其中 c 是光速,t 是信息到达你所处位置的时间(信息发送时间和你的设备收到信息的时间之差,均按格林尼治标准时间 [GMT] 来计算)。

这个算式说明,你离卫星的距离是 d。

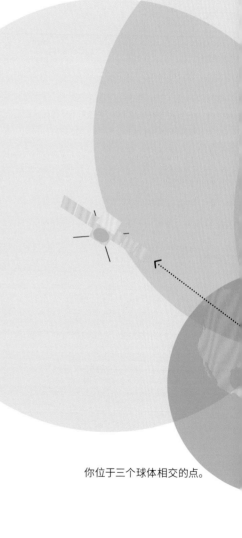

你位于三个球体相交的点。

与某一特定地点有固定距离的点的集合在二维空间中是一个圆，在三维空间中是一个球体。这样你的位置就在以卫星位置为中心、半径为 d 的球体上的某处。

如果你使用第二个 GPS 卫星的信息，就可以得到另一个球体(以第二个卫星为中心)，你可以通过类似的计算来缩小你在这个球体上的位置范围。现在你的位置在这两个球体相交的圆上。通过第三颗 GPS 卫星的信息，你得知自己的位置在这三个球体相交的两个点上，而这两个点中只有一个在地球上。

GPS 的计算遵循圆锥曲线的原理，它所用的点的位置既有几何描述——如与卫星固定距离的点的集合——又有代数描述。而这种代数描述使 GPS 系统能够解决用于描述你在这些位置上的不同的联立方程组，从而准确地确定你的位置。

工具包

17

网络在现代生活中随处可见，而且在各种不同的背景中不断涌现。然而，一旦你不考虑特定的环境，只专注于网络的连接性，你往往会发现类似的结构特征频频再现。研究这些特征可以揭示从人类关系到神经科学的大量现实世界的现象。

18

在设置密码的时候，随机性是非常安全的，但真正的随机密码却也很难记住。创建一个既不容易忘记又合理安全的密码的方法是，想一个不易忘记的短语，然后从每个单词中挑选第一个字母。由此产生的字符串可以构成你的密码基础，你还可以用数字和符号让密码更加安全可靠。

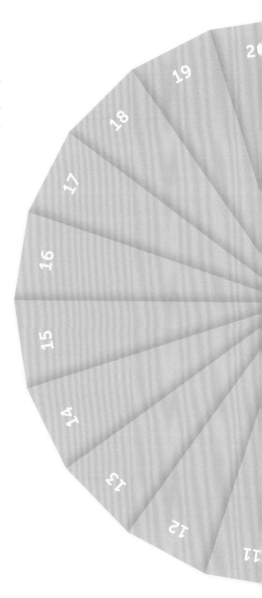

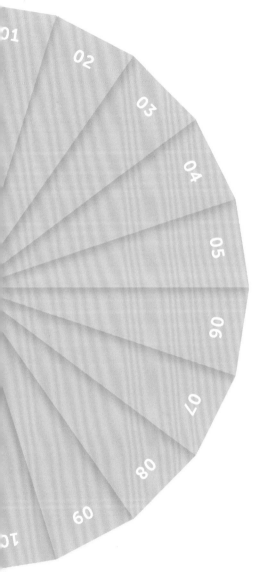

19

　　每时每刻，我们都在以惊人的速度产生数据——尤其是在网上和社交媒体上。人工智能被用来理解这些庞大的数据，包括根据人脑的数学而开发的机器学习。神经网络是方程的连接系统，可以使用现有数据进行调整，以执行自动流程，不管是用于识别猫的图片还是改善医疗诊断。

20

　　每次你用手机或卫星导航来找路时，你都是在依靠古老的数学原理——比如对简单圆锥体等形状的几何和代数描述。GPS使用的是三维版的几何描述——构建一个以 GPS 卫星为中心的球体。而代数描述则意味着我们可以计算出这些球体相交的位置，从而确定你此刻所处的位置。

参考文献

Barabási, Albert-László and Albert, Réka, 'Emergence of scaling in random networks', *Science*, 286, 5439 (1999).

Brams, Steven J. and Taylor, Alan D., *Fair Division* (Cambridge University Press, 1998).

Brooks-Pollock, Ellen and Eames, Ken, 'Pigs didn't fly but swine flu' in *50: Visions of Mathematics* (Oxford University Press, 2014).

Chang, Joseph T., 'Recent Common Ancestors of All Present-day Individuals', *Advances in Applied Probability*, 3, pp 1002-1026 (1999), http://www.stat.yale.edu/~jtc5/papers/CommonAncestors/AAP_99_CommonAncestors_paper.pdf.

Dizikes, Peter, 'When the Butterfly Effect Took Flight', *MIT Technology Review* (2011), https://www.technologyreview.com/s/422809/when-the-butterfly-effect-took-flight/ .

Freiberger, Marianne, 'Britain in love', *Plus* (2018) https://plus.maths.org/content/brits-love.

Freiberger, Marianne, 'Solving the genome puzzle', *Plus* (2010), https://plus.maths.org/content/os/issue55/features/sequencing/index.

Freiberger, Marianne, 'The graphs and network package', *Plus* (2007), https://plus.maths.org/content/graphs-and-networks.

Freiberger, Marianne and Thomas, Rachel, *Numericon: A journey through the hidden lives of numbers* (Quercus, 2014).

Freiberger, Marianne and Thomas, Rachel, 'Spin doctors: The truth behind health scare headlines', *New Scientist* (2011), https://www.newscientist.com/article/mg20927991-700-spin-doctors-the-truth-behind-health-scare-headlines/.

Gigerenzer, Gerd, Gaissmaier, Wolfgang, Kurtz-Milcke, Elke, Schwartz, L.M. & Woloshin, Steven, 'Helping Doctors and Patients Make Sense of Health Statistics', *Psychological Science in the Public Interest,* 8, 2 (2007).

Gigerenzer, Gerd, Wegwarth, Odette & Feufel, Markus, 'Misleading communication of risk', *British Medical Journal*, 342, 7777 (2012).

Gleich, David F., 'PageRank beyond the Web', *SIAM Review*, 57 (3), pp 321-363 (2015), https://arxiv.org/abs/1407.5107.

Hordijk, Wim, 'The mathematics of kindness', Plus (2016), https://plus.maths.org/content/mathematics-kindness.

Joyce, Helen, 'Beyond reasonable doubt', *Plus* (2002), https://plus.maths.org/content/beyond-reasonable-doubt.

May, Robert M., 'Simple Mathematical Models with Very Complicated Dynamics', Nature, 261, pp 459-467 (1976), https://www.researchgate.net/publication/237005499_Simple_Mathematical_Models_With_Very_Complicated_Dynamics.

Orosz, G. and Stépán, G., 'Subcritical Hopf bifurcations in a car-following model with reaction-time delay', *Proceedings of the Royal Society A*, 462, 2073 (2006).

Pearson, Mike and Short, Ian, 'Understanding uncertainty: Visualising probabilities', *Plus* (2011), https://plus.maths.org/content/understanding-uncertainty-visualising-probabilities.

Sedrakyan, Artyom and Shih, Chuck, 'Improving Depiction of Benefits and Harms', *Medical Care*, 45, 10, 2 (2007).

Spiegelhalter, David and Pearson, Mike, '2845 ways of spinning risk', *Plus* (2009), https://plus.maths.org/content/understanding-uncertainty-2845-ways-spinning-risk-0.

Spivey, Michael J., 'Fake news and false corroboration: Interactivity in rumor networks', https://pdfs.semanticscholar.org/7df1/c310d79d9be69752b67bf660278965d9eea1.pdf.

Watts, Duncan J. and Strogatz, Steven, 'Collective dynamics of 'small world' networks', *Nature,* 393 (1998).

后　记

伽利略·伽利雷（Galileo Galilei）称数学是"宇宙的语言"，这一观点真是前所未有地真实。不管是我们每天使用的小工具，还是了解我们生活的世界，我们生活的方方面面几乎都与数学有关。

数学具有如此力量的原因在于其抽象性：当你试图尽可能简洁地理解一个过程的本质时，你会不可避免地被引向数学。数学是规律、形式和结构的语言，是一个可以将本质与偶然分开的自然工具。我们希望本书能阐明数学强有力的工具作用，不管是建设和理解我们生活的世界，还是理解我们自己。网络理论（见第5章）也许是关于抽象化如何带来洞察力的最明显的例子：只有当你忘记了特定网络的具体背景而只专注于它的连接性时，你才能发现许多网络都具有共同特征，你才能解释这些特征，并利用你的发现来改进你可以控制的网络。

几乎所有的物理过程，从交通到天气模式，都可以用数学模型来描述，数学模型可以模拟这些过程，预测它们在未来将会如何发展，以及如果参数发生变化可能会发生什么情况。甚至人类的互动也可以通过数学建模来进行研究。当然，数学建模总是伴随着不确定性，建造模型的人也难免会犯错。但是，基于可靠的科学和最好的数据而构建的优秀模型，总比传闻或猜测要好得多。

本书还包含了相当多的统计数据。无论是衡量一种医疗方法的疗效，还是一个政

不管是我们每天使用的小工具，还是了解我们生活的世界，我们生活的方方面面几乎都与数学有关。

党的受欢迎程度，数字都有混淆视听的能力。数字甚至能让人误入歧途，无论是有意还是无意。为了从这些数字中提炼出真正的意义，我们要学会区分趋势和暂时的突变，学会区分偶然事件和真实效果，这种统计学意识是必不可少的。

我们喜爱数学，并非只为它作为一种工具而产生的巨大力量。最重要的是，我们为数学的优雅、清晰和简单(信不信由你)所带来的美感而陶醉。我们希望本书能传达一些这样的美感，帮助你通过数学的眼睛来看世界。

作者简介

瑞秋·汤马斯

　　《加法》杂志编辑，该杂志刊登世界优秀数学家和作家的文章。曾任澳大利亚政府和企业数学顾问。编辑《澳大利亚数学学会公报》，并开设讲习班为研究生讲授科学写作。

玛丽安·佛里伯格

　　《加法》杂志编辑，获得英国伦敦大学玛丽皇后学院博士学位。作为一名研究人员，她从事复杂动力学研究，并担任教学工作。

自我提升系列图书

《慢享时光》

ISBN：978-7-5046-9633-5

《识人的智慧》

ISBN：978-7-5046-9627-4

《积极领导力》

ISBN：978-7-5046-9903-9

《科学决策》

ISBN：978-7-5046-9975-6

《隐藏的创作力》

ISBN：978-7-5046-9974-9

《数学思维》

ISBN：978-7-5236-0044-3

推荐阅读

◆ 岸见一郎 · 勇气系列 ◆

活在当下的勇气
ISBN：978-7-5046-9021-0

爱的勇气
ISBN：978-7-5046-9237-5

◆ 畅销书作者系列 ◆

可是我还是会在意：摆脱自
我意识过剩的8种方法
ISBN：978-7-5046-9602-1
作者：和田秀树

好习惯修炼手册
ISBN：978-7-5046-9579-6
作者：桦泽紫苑

◆ 大众科普书系列 ◆

身体的秘密
ISBN：978-7-5046-9700-4

睡眠之书
ISBN：978-7-5046-9601-4